AF453452

RECUEIL

D E

CARTES GÉOGRAPHIQUES,

PLANS, VUES ET MÉDAILLES

D E

L'ANCIENNE GRÈCE,

RELATIFS

AU VOYAGE DU JEUNE ANACHARSIS;

PRÉCÉDÉ

D'UNE ANALYSE CRITIQUE DES CARTES.

Nouvelle Édition.

A PARIS,

DE L'IMPRIMERIE DE DIDOT LE JEUNE.

L'AN SEPTIÈME.

TABLE DES PLANCHES

Dont ce Recueil est composé.

ANALYSE CRITIQUE

DES

CARTES DE L'ANCIENNE GRECE,

DRESSÉES

POUR LE VOYAGE DU JEUNE ANACHARSIS,

PAR

J. D. BARBIÉ DU BOCAGE.

Dans les premières éditions du Voyage du jeune Anacharsis, j'ai donné l'Analyse critique des Cartes qui accompagnent cet ouvrage, et cette Analyse indique les bases sur lesquelles je me suis fondé pour la construction de ces Cartes.

Celles de cette nouvelle édition sont infiniment plus parfaites que les anciennes: toutes les Cartes des provinces de la Grèce sont augmentées ou améliorées, et plusieurs sont neuves; tous les Plans sont refaits, et quelques-uns n'avaient point paru dans les premières éditions. La nouvelle *Carte générale de la Grèce avec ses Colonies*, surtout, a été travaillée avec le plus grand soin, et je puis dire que je n'ai rien négligé pour la rendre la plus exacte possible. Plusieurs personnes même se sont fait un mérite de concourir à sa perfection. Je citerai d'abord le C.ⁿ Truguet, qui m'a communiqué très-généreusement tout ce qu'il a levé dans l'Archipel et aux environs de Constantinople, et les parties réduites d'après ses Cartes sont de la dernière exactitude. Le C.ⁿ Abancourt m'a aussi communiqué très-affectueusement tout ce qu'il a cru pouvoir m'être utile pour mes travaux, tant en cartes qu'en manuscrits, et ses soins m'ont été très-avantageux. Le C.ⁿ Lalande, connu en astronomie, s'est également fait un plaisir de me communiquer toutes les observations astronomiques du C.ⁿ Beauchamp dans le Levant; et les C.ⁿˢ Verninac et Descorches, ci-devant ambassadeurs de la République Française à la Porte, ont fait tout ce qui a été en leur pouvoir pour me procurer des connaissances détaillées sur la Grèce.

Au dépôt de la guerre, le général Ernouf m'a fait communiquer plusieurs cartes et plans qui m'ont été très-utiles: au dépôt de la marine, le général Rosily m'a fait ouvrir quelques porte-feuilles, où j'ai trouvé des plans de ports et de plusieurs îles: au département des relations extérieures, quelques personnes m'ont communiqué ce qu'elles ont cru pouvoir m'être avantageux pour mes travaux; et dans notre dépôt géographique de l'intérieur, j'ai trouvé quelques plans qui m'ont été très-utiles.

Les conservateurs de la grande bibliothèque nationale, m'ont donné en communication tous les livres dont j'ai eu besoin.

Néanmoins, comme tous ces secours me sont venus les uns après les autres, et souvent dans le temps où mon travail était très-avancé, je n'ai pu en faire usage pour les parties déja commencées. De là vient que toutes les Cartes particulières des provinces de la Grèce sont dressées sur l'ancien plan, et ce plan est encore celui des Cartes nouvelles de l'Etolie et des côtes de l'Asie-mineure. Cependant ces Cartes n'en sont pas moins perfectionnées, tant pour la partie historique que pour la configuration des côtes; et elles sont considérablement augmentées, comme on pourra s'en convaincre par la comparaison avec les premières éditions. Ce plan m'a également forcé de donner l'ancienne Carte générale de la Grèce et ses îles, comme étant un tableau fidèle et un ensemble des Cartes particulières. Cette Carte n'est point superflue, comme elle peut le paraître au premier coup-d'œil; au contraire, étant sur la même échelle que la nouvelle Carte générale de la Grèce avec ses Colonies, elle sert à faire voir les grands changemens qui ont été faits sur cette dernière.

L'Analyse que j'avais donnée dans les premières éditions, convient donc encore aux cartes particulières; elle est même nécessaire pour leur intelligence. En conséquence je commencerai par la transcrire ici ; et ensuite je rendrai compte des changemens que j'ai faits, tant à la nouvelle carte générale qu'aux particulières, et j'entrerai même dans quelque détail sur les plans. J'ajouterai seulement quelques notes à cette ancienne Analyse, pour développer les parties qui méritent explication, et j'y ferai les petits changemens que les circonstances exigent.

En géographie, quand une carte est copiée ou réduite d'après une autre carte, il faut avoir la bonne foi de l'avouer ; quand elle diffère essentiellement de toutes les cartes connues, il faut en donner l'analyse critique. C'est en conséquence de ce principe, que je vais exposer, le plus succinctement qu'il me sera possible, les raisons sur lesquelles je me suis fondé dans la composition des Cartes de l'ancienne Grèce, qui accompagnent le Voyage du jeune Anacharsis.

Je ne comprendrai point dans cette Analyse les plans particuliers, parce qu'ils pourraient faire chacun la matière d'un ou même de plusieurs mémoires [a]. J'avouerai néanmoins que ceux des batailles de Salamine et de Platée eussent été bien imparfaits, si M. de la Luzerne, ministre de la marine en 1788, n'eût eu la bonté de me donner ses avis, et de lire ses auteurs anciens, mes dessins sous les yeux. Je dois à M. de Choiseul-Gouffier, ambassadeur à la Porte en 1784, la communication de tout ce qu'il a fait lever dans ce pays ; et je puis dire que les parties réduites d'après ses plans, sont les plus exactes de mes cartes. Ils sont presque tous du C.ⁿ Foucherot, habile ingénieur des ponts et chaussées, qui m'a non-seulement confié ses dessins et journaux manuscrits, mais qui m'a encore figuré, autant bien qu'il lui a été possible, les parties de sa route qu'il n'a pas eu le temps de lever,

---

[a] Cependant j'en dirai quelque chose dans la suite de cette analyse.

et dont j'avais besoin [a]. La collection géographique des affaires étrangères, dans laquelle feu M. de Vergennes a bien voulu me permettre de fouiller, m'a fourni quantité d'autres plans de ports et d'îles ; et j'ai trouvé à la grande bibliothèque nationale, sinon le voyage entier de M. l'abbé Fourmont, du moins des lambeaux dont j'ai tiré tout ce qu'il était possible [b].

Les héritiers de feu M. d'Anville [c] m'ont aussi communiqué les notes de ce célèbre géographe, auquel la science a tant d'obligations, et dont les erreurs mêmes sont respectables, parce qu'elles n'attestent que le défaut des connaissances à l'époque où il dressait ses cartes. Enfin, j'ai trouvé dans quelques manuscrits géographiques de feu M. Fréret, savant connu par sa vaste érudition, des extraits raisonnés des portulans, que j'aurai lieu de citer assez souvent. Il ne me reste plus qu'à parler d'une géographie en grec moderne, de Mélétius, archevêque d'Athènes et natif de Joannina en Épire, composée sur la fin du dernier siècle, et imprimée à Venise en 1728, en un volume in-folio. J'en ai tiré plusieurs notions pour les parties septentrionales de la Grèce ; mais je n'ai pu en faire usage pour le Péloponèse, parce que les cartes de cette presqu'île étaient déja gravées lorsque j'en eus connaissance [d]. Je dois encore ajouter que si mes cartes sont moins imparfaites que celles qui les ont précédées, elles doivent une partie de leur mérite à l'auteur même du Voyage d'Anacharsis, qui a bien voulu en discuter plusieurs points essentiels avec moi.

Je ne comprendrai point non plus dans cette Analyse, la carte du Palus-Méotide et du Pont-Euxin, parce que le temps et les événements nous ayant amené beaucoup de connaissances depuis qu'elle est dressée, elle aurait eu besoin d'être refaite [e]. Je me bornerai donc à la carte générale de la Grèce, et aux cartes particulières de chacune de ses provinces.

Je me suis servi de toutes les observations astronomiques que j'ai pu me procurer, quand je les ai trouvées bonnes. A leur défaut, j'ai fait usage des distances données par les anciens et les modernes ; mais avant tout il faut que je rende compte des éléments de mes mesures.

Dans toutes mes cartes, j'ai pris pour échelle de comparaison, à l'exemple de M. d'Anville, les lieues communes de France de 2500 toises [f], parce qu'elles m'ont paru répondre assez généralement aux heures de marche employées par les voyageurs dans cette contrée. Le stade olympique, que j'évalue sur mes cartes à 94 toises 5 pieds [g], se conclud de la longueur que le C.ⁿ Leroi assigne au pied grec [i]. Quant au stade pythique, c'est celui que M. d'Anville a déja fait connaître, et qu'il fixe [a] à la 10ᵉ partie du mille romain, ou aux $\frac{4}{5}$ du stade olympique. Je l'ai nommé *pythique* [h], parce qu'il m'a paru établi principalement dans le nord de la Grèce, et que, selon

---

[a] Le C.ⁿ Foucherot est actuellement membre de l'institut national, et ce titre est une récompense que méritaient ses talents.

[b] Depuis que j'ai fait cette première analyse, j'ai encore trouvé à la bibliothèque nationale, beaucoup d'autres papiers de Fourmont, qui m'ont donné occasion de rétablir son journal ; et ce que j'ai tiré de ces papiers, pourrait faire la matière d'un bon volume in-4.º

[c] Je m'honore et je m'honorerai toujours du titre de seul élève qu'ait fait M. d'Anville.

[d] A cette géographie, il faut ajouter celle de Démétrius Philippide, également en grec vulgaire, dont j'ai donné une notice suffisante dans le Magasin Encyclopédique, 2.º année, tome 6.

[e] Cette carte a été refaite pour cette nouvelle édition ; et je dirai en peu de mots, dans la suite de cette Analyse, sur quelles bases je me suis fondé pour sa construction.

[f] Et ensuite, dans cette nouvelle édition, les myriamètres, dont un revient à un peu plus de deux des anciennes lieues communes de France. 2500 toises font 4870 mètres, 99 centimètres.

[g] 184 mètres, 77 centimètres.

[i] Le roi, ruines de la Grèce, t. 1, p. 32.

[a] D'Anville, traité des mes. itin. p. 71.

[h] Le citoyen Bonne, dans son Analyse des Cartes pour l'Encyclopédie méthodique, l'avait ainsi appelé avant moi.

la remarque de Spon [1], le stade qui existe encore à Delphes est plus court que celui d'Athènes [a]. Par les mesures que l'on a de ce dernier, on voit qu'il était de la longueur ou à peu près du stade olympique. Il est vrai que Censorin, en comparant [2] les stades qu'il appelle italique, olympique et pythique, compose celui-ci de 1000 pieds, tandis que le premier, selon lui, n'est que de 625, et le second de 600. Mais Aulu-Gelle, qui travaillait en Grèce, dit précisément [3], que le plus long de tous les stades est l'olympique; d'ailleurs M. d'Anville [4], et avant lui Lucas Pœtus, ont déjà remarqué que Censorin ne distingue ici le stade italique du stade olympique, que faute de connaître la différence des pieds qu'il emploie dans leur composition, et que 625 pieds romains sont égaux à 600 pieds grecs olympiques. On ne saurait donc compter sur la mesure du stade pythique de Censorin. Cependant si on prend les 1000 pieds pour celle du diaule ou stade doublé, on aura encore pour la longueur du stade pythique, 500 pieds, qui sont juste les $\frac{4}{5}$ de 625 pieds romains. Quoi qu'il en soit, le stade pythique étant plus court d'$\frac{1}{5}$ que le stade olympique, il revient à 75 toises, 5 pieds, 2 pouces, 4 lignes et $\frac{4}{5}$ de ligne de notre mesure, ou à 76 toises de compte rond [b], comme l'a évalué M. d'Anville [5].

Je me suis servi quelquefois d'un stade encore plus court : c'est celui que M. d'Anville appelle Macédonien ou Égyptien [6], et qu'il évalue en plusieurs endroits depuis 50 toises jusqu'à 54 [c] et même plus.

La projection de la carte générale [d] est dressée dans l'hypothèse de la terre applatie, ou du moins la diminution des degrés de longitude est calculée d'après la table qui se trouve à la fin des suppléments pour l'astronomie du C.ⁿ Lalande [7]; car la différence de cette hypothèse à celle de la terre sphérique, est presque insensible sur l'échelle que j'ai choisie. Les méridiens étant droits sur ma carte, leur intervalle a été fixé sur les tangentes des parallèles 36 et 40, et j'ai toujours compté le degré de latitude pour 57000 toises [e] de compte rond, comme l'évalue la table de M. Schulze [8] à la hauteur de 39 degrés. Il est inutile de dire que la courbure des parallèles a été conclue et tracée sur chaque méridien, d'après la différence de la sécante au rayon ; mais il sera bon de prévenir que si ces mêmes parallèles sont droits sur les cartes particulières, c'est qu'autrement il aurait été difficile d'y tracer en tout sens les rayons dont il sera question par la suite, et que d'ailleurs la courbure ne se serait presque pas fait sentir. Je n'ai pas non plus marqué la longitude sur ces cartes particulières, parce que n'ayant aucune observation dans ce sens, dans toute l'étendue de ce qu'elles représentent, il fallait du moins atteindre Salonique, pour les y assujettir.

La carte générale [f], au contraire, est appuyée sur plusieurs observations de lon-

---

[1] *Spon, voyag.* t. 2, p. 38.

[a] C'est un fait que peut éclaircir le citoyen Fauvel, membre de l'institut national, résidant à Athènes; car il a été à Delphes, comme il me le marque dans une lettre en date du 14 ventôse an 6.

[2] *Censor. de die nat.* cap. 13.

[3] *Aul. Gell. noct. att.* lib. 1, cap. 1.

[4] *D'Anville, traité des mes. itin.* p. 14 et 70.

[5] 148 mètres, et 8 centimètres.

[6] *D'Anville, traité des mes. itin.* p. 71.

[6] *Id. éclaircis. geogr. sur l'anc. Gaule,* p. 162 ; *traité des mes. itin.* p. 93.

[c] Depuis 97 mètres 42 centimètres, jusqu'à 105 mètres 21 centimètres.

[d] Celle de *la Grèce et ses îles;* car je rendrai compte de la projection de la nouvelle Carte générale de *la Grèce avec ses colonies,* dans la suite de cette Analyse.

[7] *Lalande, astronomie,* t. 4, p. 770 et suiv.

[e] 111058 mètres 50 centimètres.

[8] *Lalande, astronomie,* t. 4, p. 777 et suiv.

[f] Toujours celle de *la Grèce et ses îles.*

gitude et de latitude. La position de Constantinople, autrefois Byzance, est prise de la Connaissance des Temps pour 1788; celles de Salonique, autrefois Therme, dans le fond du golfe Thermaïque en Macédoine, Smyrne sur la côte d'Asie, et Candie et la Canée dans l'île de Crète, ont été observées en longitude et en latitude, par le P. Feuillée. M. de Chazelles a donné la latitude de Rhodes; et des navigateurs m'ont fourni la hauteur de quelques îles de l'Archipel [a].

Je n'ai pu faire usage de l'observation du P. Feuillée à Milo, parce qu'elle m'a paru fautive. M. d'Anville l'avait déja jugée telle, puisque la longitude qu'il donne à cette île dans ses cartes, diffère d'environ 20 minutes de la détermination du P. Feuillée. La longitude dans laquelle Mélos se trouve sur ma carte, est presque la même que celle de M. d'Anville [b].

Les cartes particulières ont pour base, 1.° les observations de latitude faites par Vernon, à Athènes, Négrepont ou Chalcis en Eubée, et Sparte; 2.° deux observations de latitude faites par M. de Chazelles, et que m'ont fournies les papiers de M. Fréret, la première dans le port de l'île de Zante ou Zacynthe, la seconde au sud du cap Matapan ou Ténare, directement à l'ouest de la pointe la plus méridionale de l'île de Cythère; 3.° la latitude de Volo, autrefois Pagase, au fond du golfe Pagasétique en Thessalie, donnée par Dapper, quoique je ne sache d'où il l'a tirée; 4.° celle de Corfou, d'après les tables de Riccioli et de Pimentel; 5.° celle de Durazzo ou Épidamne en Illyrie, selon la table de Philippe Lansberge; et 6.° enfin la longitude et la latitude de Salonique, qui m'a servi à déterminer la longitude de toute la Grèce dans la carte générale.

Athènes, d'où je suis parti pour toutes mes cartes particulières, a été observée en latitude par Vernon [1], à 38 degrés 5 minutes. M. d'Anville cite [2] une autre observation qui fixerait cette ville à 38 degrés 4 minutes seulement; mais, ne l'ayant point trouvée parmi ses papiers, je m'en suis tenu à celle de Vernon [c].

A la position d'Athènes, j'ai assujetti le plan de la baie et de l'île Coulouri, levé en 1781 par le C.ᵉ Foucherot, et que j'ai copié exactement dans mon plan du combat de Salamine. J'ai encore assujetti à la même position, une carte manuscrite du golfe d'Engia, levée par M. de Chabert en 1776 [d]. Cette carte m'a donné la figure de toutes les îles de la mer Saronique, la pointe du cap Scyllæum, celle du cap Sunium, et la position même de l'Acro-Corinthe. Le rayon que M. de Chabert a tiré du sommet du pic d'Egine sur le cap Sunium, ne s'accorde pas, à la vérité, avec celui que Wheler a tiré [3] du Sunium sur le même pic; mais aussi, la position de l'Acro-Corinthe est plus méridionale, sur cette carte, que celle d'Athènes, de 4150 toises environ [e], ou d'un peu plus de 4 minutes de latitude, précisément

---

[a] J'aurais dû alors faire usage des hauteurs du pôle, de l'île Sapience, de celle de Cerigotto, de l'Ovo, du cap St.-Ange, et même de celles de Samos, Nicaria et de l'île Fourni, qui se trouvent dans le Voyage de Niebuhr en Arabie et en d'autres pays circonvoisins (Amsterdam, 1774, in-4.ᵉ premier volume); mais je connaissais peu cet excellent Voyage, j'étais peu fourni de livres, et on s'apercevra sans doute que je ne le suis guères plus aujourd'hui.

[b] La longitude de Milo, donnée par le P. Feuillée, est effectivement fautive, mais sa latitude est très-bonne; et si je n'ai pu en faire usage dans ma première Carte générale, cela vient de ce qu'en donnant la distance convenable à l'espace compris entre l'Attique et Melos, j'ai placé Athènes trop au nord, comme on le verra par la suite.

[1] *Journal de Vernon*, à la suite de la réponse de Spon à la critique de Guillet, p. 302.

[2] *D'Anville, anal. des côtes de la Grèce*, p. 14.

[c] Cette observation de Vernon est fautive. Athènes est plus méridionale : elle est par 37 degrés 58 minutes une seconde de latitude, comme nous verrons par la suite.

[d] J'aurai encore occasion de parler de cette Carte dans la suite de cette Analyse.

[3] *Whel. a journ.* book 6, p. 449.

[e] 8035 mètres 84 centimètres.

comme je l'avais trouvée en 1782. C'était la combinaison seule des rayons tirés par
Wheler, de l'Acro-Corinthe sur Athènes et sur le mont Hymette [1], et du mont
Hymette sur l'Acro-Corinthe [2], qui m'avait donné cette position ; car alors je ne
connaissais pas la carte de M. de Chabert. Corinthe ne peut donc être par 38 degrés
14 minutes, comme l'a observée Vernon [3] ; elle descendra, au contraire, à 38
degrés 1 minute 30 secondes environ, comme elle se trouve dans mes cartes [a].

Corinthe ainsi fixée, j'ai assujetti à sa position une carte de l'isthme, levée géométriquement par les Vénitiens en 1697, et que Bellin a fait graver dans sa description du golfe de Venise et de la Morée [4]. Cette carte, levée avec soin, m'a
donné lieu de placer, assez exactement, le cap Olmies, quoiqu'il ne s'y trouve
pas. Wheler a relevé ce cap de l'Acro-Corinthe [5], dans l'aire de vent nord-nord-
est ; et Tite-Live dit [6], qu'un temple de Junon-acréenne, bâti sur ce cap, est tout
au plus à 7 milles romains de distance de Corinthe.

Entre Corinthe et Argos, les anciens comptaient 200 stades, au rapport de
Strabon [7] ; et aujourd'hui on met 8 à 9 heures par le plus court chemin [8], pour
se rendre de Corinthe à Napoli de Romanie, ou Nauplia, qui est un peu plus loin
qu'Argos. Dans mes cartes, on mesure en droite ligne 180 stades olympiques de
Corinthe à Argos, et environ 7 heures un tiers de 2500 toises [b] chacune, entre
Corinthe et Nauplia.

Argos a toujours été placée dans les cartes, assez directement au midi de Corinthe ; néanmoins la situation de la côte méridionale de l'Argolide, et en particulier la position de l'île d'Hydrea, m'a forcé de la faire beaucoup plus occidentale.
La citadelle d'Argos, Nauplia ou Napoli, et Tirynthe, aujourd'hui le vieux Napoli, sont placées d'après les rayons tirés sur ces lieux, par le C.ⁿ Foucherot, de
deux stations différentes ; d'abord, au sortir d'un défilé qui est près de Mycènes ;
et ensuite, de la ville même d'Argos. De ce dernier point, le C.ⁿ Foucherot a aussi
tiré un rayon sur la partie de la côte de la Laconie, qui s'avance le plus à l'est,
et cette côte ne peut aller au-delà. Tous ces relèvements ont été faits selon le nord
de la boussole ; mais je les ai rétablis dans le nord du monde, en faisant la variation de l'aiguille de 13 degrés 15 minutes vers le nord-ouest, comme M. de Chabert l'a trouvée dans ces parages en 1776.

A la position de Nauplia ou Napoli, j'ai assujetti deux cartes manuscrites, levées en 1735 par feu M. Verguin, ingénieur attaché à la marine. Elles m'ont
fourni la côte et les îles de l'Argolide, depuis les confins de la Laconie jusqu'au
cap Acra. Je ne dirai rien du mérite de ces cartes : je me contenterai de renvoyer
à M. d'Anville [9], qui n'en a fait usage qu'après avoir reconnu leur exactitude [c]. Du
cap Acra et des îles Tiparenus et Aristera, aujourd'hui les îles de l'Espéci et l'Es-

---

[1] *Whel. a journ.* book 6, p. 443.
[2] *Id. ibid.* p. 410.
[3] *Journal de Vernon*, p. 302.
[a] La ville de Corinthe est réellement à 37 degrés 55 minutes et
quelques secondes de latitude, comme nous le verrons dans la suite de
cette Analyse.
[4] *Bellin, descript. du golfe de Ven.* pl. 48, p. 230.
[5] *Whel.* ibid. p. 443.

[6] *Liv.* lib. 32, cap. 23.
[7] *Strab.* lib. 8, p. 377.
[8] *Pockoc. voyag.* t. 3, p. 175. *Foucherot, voyag. manuscr.*
[b] 4870 mètres 99 centimètres.
[9] *D'Anville, anal. des côtes de la Grèce*, p. 18.
[c] Cependant elles font la côte de l'Argolide depuis Nauplia ou Napoli jusqu'à l'île Tiparenus, aujourd'hui de l'Espéci, un peu trop
longue, comme l'a reconnu depuis M. de Chabert.

péci-poulo , des rayons tirés sur les lieux voisins , m'ont donné les positions du mont Buporthmos , et des îles Aperopia et Hydrea. Ces relèvements que j'ai trouvés parmi les papiers de M. Fréret, m'ont paru être de M. Verguin [a], et c'est ce qui me les a fait employer avec confiance. Du reste, la figure de ces mêmes îles, ainsi que celle de la côte opposée jusqu'au Scyllæum , sont prises d'une autre carte manuscrite dressée par le pilote Vidal en 1735, et comparée à ce que Desmouceaux rapporte [1] de cette côte.

Hermione , aujourd'hui Castri , est encore fixée d'après sa distance de Tré-zène ou Damala. M. Fourmont dit [2] avoir employé quatre ou cinq heures pour se rendre d'un de ces lieux à l'autre. L'île d'Hydrea est aussi fixée par le relève-ment qu'en a fait Tournefort [3], de sa station dans l'île Zéa , autrefois Céos ; et cette dernière est placée d'après sa distance du cap Sunium , et d'après les rayons tirés par Wheler de ce cap [4], et qui s'étendent jusqu'à l'Anti-milo.

En partant d'Argos , Pline m'a donné lieu de déterminer la largeur du Pélo-ponèse. Il dit [5] que d'Argos à Olympie , il y a 68 milles romains en traversant l'Arcadie. Je les ai employés en droite ligne , parce qu'après les avoir comparés avec la route qui passe par Mégalopolis , j'ai vu que cette dernière s'écartait peu de la ligne droite , et que néanmoins elle donnait infiniment plus de distance. En effet, la table de Peutinger marque [6] 12 milles d'Olympie à Melænæ , 22 de Melænæ à Mégalopolis , et 20 de là à Tégée ; du moins c'est ainsi que je crois qu'il faut lire la table. De Tégée à Argos la distance manque ; mais il est facile de la suppléer par la route des voyageurs. Le C.ⁿ Foucherot [7] compte 10 heures de marche entre Napoli de Romanie et Tripolizza ; et l'on saura que cette dernière ville est près de Tégée , si l'on reconnaît celle-ci , avec M. l'abbé Four-mont, dans la position actuelle de Palæo-Tripolizza , ou du vieux Tripolizza. On peut donc compter 87 ou 88 milles romains d'Olympie à Argos, ou à Nauplia en passant par Mégalopolis ; ainsi la réduction à 68 , en droite ligne , sera en-core très-forte.

Tripolizza est actuellement la capitale de la Morée , ou du Péloponèse , et la demeure d'un Pacha ou Mouhasil , qui gouverne tout le pays ; c'est une ville mo-derne ; mais Léondari n'est pas l'ancienne Mégalopolis , comme M. l'abbé Four-mont l'a fait croire jusqu'à cette heure [8]. Léondari est bâtie sur la croupe du mont Taygète , et Mégalopolis était dans la plaine au-delà de l'Alphée. Je croirais donc que cette dernière ville est aujourd'hui le lieu appelé Sinano , que M. Fourmont prend mal-à-propos [9] pour l'ancienne Mantinée , et dans la vaste enceinte duquel il dit [10] qu'il existe beaucoup de ruines. Léondari sera l'ancienne Leuctres dont il est question dans Xénophon [11], et qui fermait une des entrées de la Laconie. Olympie subsiste dans un petit lieu appelé aujourd'hui Miraca. Chandler et le C.ⁿ Fou-

---

[a] Ils en sont réellement, comme je m'en suis assuré depuis que j'ai écrit ceci.
[1] Extrait du voyag. de Desmouceaux , à la suite du voyag. de Corn. Le Bruyn , t. 5 , p. 466.
[2] Fourmont, voyage manuscr. de l'Argolide.
[3] Tournef. voyage , t. 1 , p. 341.
[4] Whel. a journ. book 6 , p. 449.
[5] Plin. lib. 4 , cap. 6, t. 1 , p. 196.
[6] Peuting. tab. segm. 7 , edit. Scheyb. Vindob. 1753, in-fol.
[7] Foucherot , voyage manuscr.
[8] Fourmont, lettr. manuscr. à la Bibl. nationale.
[9] Fourmont, ibid.
[10] Mém. de l'acad. des bell. lett. t. 7 , p. 356.
[11] Xenoph. hist. Græc. lib. 6 , p. 607.

cherot [1] y ont trouvé peu de ruines ; mais le C.[n] Fauvel qui accompagnait d'abord le C.[n] Foucherot, a été plus heureux dans un second voyage qu'il y a fait en 1787, par ordre de M. de Choiseul-Gouffier. Il a retrouvé l'hippodrôme, le stade, le théâtre et le temple de Jupiter ; ensorte que l'on aura dans peu la mesure exacte de tous ces monuments [a].

Cependant pour placer Olympie sur mes cartes, sa distance d'Argos ne suffisait pas ; il fallait encore avoir sa latitude. Elle est conclue de celle de Zante, ou Zacynthe dans l'île de même nom, observée, comme je l'ai dit, par M. de Chazelles. Cette observation faite dans le port, directement à l'est du château [a], fixe la hauteur de Zante à 37 degrés 46 minutes 32 secondes [b].

La rade de Zante, depuis la ville jusqu'au cap Basilico, le plus oriental de l'île, a été réduite d'un plan levé par M. Verguin ; et des navigateurs habiles, au rapport de Bellin [3], en passant entre ce cap et celui de Tornésé, autrefois Chélonitès, dans le continent, ont relevé le premier au sud-ouest, et le second au nord-est. La distance entre ces deux caps est différente, selon différents voyageurs. Je l'ai faite de dix milles d'Italie juste, avec Teixeira [4].

Du cap Chélonitès, Strabon dit [5] que l'on comptait 280 stades jusqu'à l'embouchure de l'Alphée. Les portulans par plusieurs aires de vent, donnent lieu de conclure en général le sud-est-quart-sud. J'ai donc placé les bouches de l'Alphée dans cette direction à l'égard du Chélonitès ; seulement je n'ai admis, dans mes cartes, qu'environ 225 stades olympiques en droite ligne, entre ces deux points, parce que la côte fait de grands golfes et une grande saillie dans cet espace. D'ailleurs, Chandler et le C.[n] Foucherot, qui ont fait la route, par terre, de Pyrgo près des embouchures de l'Alphée à Chiarenza, autrefois Cyllène, peu loin du cap Chélonitès, ne donnent pas lieu de compter [6] plus de 9 heures de marche, d'un de ces lieux à l'autre.

Des embouchures de l'Alphée, pour remonter à Olympie, j'ai suivi un petit dessin que le C.[n] Foucherot m'a tracé de sa route, et qui se trouve d'accord avec les 120 stades que Pausanias compte [7] d'Olympie à Létrins. Ce dernier lieu était à l'embouchure même de l'Alphée ; ainsi il faut corriger Strabon, qui ne met [8] que 80 stades entre les bouches de ce fleuve et Olympie.

En reprenant du cap Basilico dans l'île de Zante, ainsi que du Chélonitès, la plupart des portulans, Levanto [9] et plusieurs cartes, s'accordent à marquer le sud-sud-est jusqu'à Prodano, autrefois l'île Proté, sur les côtes de Messénie. C'est dans ce rayon juste à l'égard du cap le plus oriental de Zante, que cette île est placée dans mes cartes ; néanmoins, pour la distance, je n'ai suivi que celle du portulan de la Romagne, qui marque 50 milles d'Italie, parce que c'est la seule

---

[1] *Chandl. trav. in Greece*, chap. 76, p. 294. *Foucherot, voyag. manuscr.*

[a] En effet, le C.[n] Fauvel, actuellement membre de l'Institut national, a mesuré tous ces monuments, mais il ne m'a encore rien envoyé sur Olympie.

[a] *Note manuscr. de M. Fréret.*

[b] J'ai pourtant placé cette ville environ 4 minutes plus au nord dans ma nouvelle Carte générale, d'après de nouvelles combinaisons.

[3] *Bellin, descript. du golfe de Ven.* p. 171.

[4] *Teixeira, viage*, p. 208, en Amberes, 1610, in-8.°

[5] *Strab.* lib. 8, p. 343.

[6] *Chandl. trav. in Greece*, chap. 73, p. 284. *Foucherot, voyage manuscrit.*

[7] *Pausan.* lib. 6, cap. 22, p. 510.

[8] *Strab.* ibid. p. 343.

[9] *Levanto, specchio del mare*, p. 106.

qui ait pu soutenir la comparaison des distances prises par terre. Les autres sont ou trop fortes ou trop faibles.

De Proté à Pylos de Messénie, aujourd'hui le vieux Navarins ou Zonchio, trois portulans marquent 10 milles. Ces milles sont des milles grecs; en conséquence ils sont réduits sur mes cartes à 6 milles $\frac{2}{3}$ d'Italie. L'aire de vent est l'est-sud-est.

A la position de Pylos, sont ensuite assujetties deux cartes manuscrites de M. Verguin, dont M. d'Anville s'est aussi servi [1]. Je ne pouvais rien suivre de plus exact que ces cartes; elles m'ont conduit jusqu'au cap Gallo, autrefois Acritas, à l'entrée du golfe de Messénie. De là il m'a été facile de remonter jusqu'à Coroné, aujourd'hui Coron. Cette ville est à plus de 160 stades du cap Acritas, selon Pausanias [2,a]; et les voyageurs [3] comptent, par terre, de Modon, autrefois Mothoné, à Coron, 6 heures de marches, ou 18 milles d'Italie.

De Coron, des navigateurs, suivant Bellin [4], ont relevé le cap Gros, autrefois Thyridès en Laconie, au sud-est cinq degrés sud. La variation m'a paru corrigée dans ce rayon. Ce cap n'est pas éloigné du Ténare, aujourd'hui cap Matapan. Pausanias ne compte [5] entre deux que 70 stades; et Bellin dit [6] que du cap Gallo ou Acritas, il y a 30 milles ou 10 lieues marines à l'est-sud-est jusqu'au Matapan. Cette mesure, qui est celle de l'ouverture du golfe de Messénie, est beaucoup plus grande selon les portulans; Pline néanmoins la fait plus petite [7]; c'est pourquoi je m'en suis tenu à celle de Bellin, en l'employant en droite ligne dans mes cartes.

Du Ténare il ne m'a pas été difficile de gagner le Malée. M. Verguin étant sur ce dernier cap, a relevé le premier de deux stations différentes, et la réunion de ses rayons a fixé le cap Ténare à l'égard du cap Malée. En prenant les rayons opposés, j'ai fixé le Malée d'après le Ténare. Tous les environs du premier sont réduits d'une carte manuscrite du même M. Verguin. Elle m'a donné la côte depuis le cap Malée même, aujourd'hui cap Saint-Ange, jusques et compris l'île Cervi, ainsi que celle du nord de Cérigo ou Cythère. A cette carte s'en est jointe une autre du mouillage Saint-Nicolas, autrefois le port Phénicien dans la même île de Cythère. Le reste de cette île est pris de Coronelli [8], dont le rapport a été comparé à quelques autres morceaux. L'île Cervi n'était autrefois qu'une presqu'île dont la pointe méridionale s'appelait Onu-gnathos, ou mâchoire d'âne.

Dans l'intérieur du Péloponèse, Lacédémone ou Sparte est placée d'après sa distance de Mégalopolis. Pausanias dit [9] que de Sparte à Olympie, il y a 660 stades, et Tite-Live nous apprend [10] que la route passait par Mégalopolis. On a vu que la table de Peutinger compte, en deux distances, 34 milles romains d'Olympie a Mégalopolis. Ces 34 milles font 272 stades olympiques. En ôtant ce nombre de

---

[1] *D'Anville, anal. des côtes de la Grèce,* p. 20.
[2] *Pausan.* lib. 4, cap. 34, p. 365 et 367.
[a] Malgré ces mesures de Pausanias, il est certain que Coron n'est qu'à 65 ou 70 stades du cap Gallo, et c'est à cette distance que je l'ai placée dans ma nouvelle *Carte générale de la Grèce avec ses Colonies.*
[3] *Breydenbach, peregr. terr. sanct.* p. 31. Mogunt. 1486, in-fol. *Pellegr. voyage de la Morée,* p. 7. *Foucherot, voyage manuscr.*
[4] *Bellin, descript. du golfe de Ven.* p. 202.
[5] *Pausan.* lib. 3, cap. 25, p. 276.
[6] *Bellin,* ibid. p. 200.
[7] *Plin.* lib. 4, cap. 5, t. 1, p. 193.
[8] *Coronelli, descript. de la Morée,* p. 82. Paris, 1687, in-fol.
[9] *Pausan.* lib. 6, cap. 16, p. 492.
[10] *Liv.* lib. 45, cap. 28.

celui de 660, il reste 388 stades pour la distance de Mégalopolis à Sparte. On en trouve 330 en droite ligne dans mes cartes, et Sparte y est placée par 37 degrés, 10 minutes de latitude, comme l'a observé Vernon [1][a].

Il n'en a pas été de même de Coron; je n'ai pu porter cette ville à la hauteur observée par Vernon [2][b]. Néanmoins la partie méridionale du Péloponèse est appuyée, dans mes cartes, comme je l'ai dit, sur une observation de latitude faite en mer par M. de Chazelles, au sud du cap Ténare ou Matapan, et directement à l'ouest de la pointe la plus méridionale de l'île de Cythère [3]. Cette observation fixe la pointe de Cérigo à 36 degrés 10 minutes [c].

Dans la partie septentrionale du Péloponèse, la position de Dymé en Achaïe, est déterminée par sa distance d'Olympie. Pour aller d'Olympie à Elis, il y avait deux chemins, l'un par la plaine, de 300 stades de longueur [4], et l'autre plus court par la montagne. Sur celui-ci on comptait 12 milles, ou 96 stades, d'Olympie à Pylos, voisin d'Elis [5], et 70 ou 80 stades de Pylos à Elis même [6]. Au total 166 ou 176 stades d'Olympie à Elis. De cette dernière ville pour aller en Achaïe, Pausanias compte encore [7] 157 stades jusqu'au passage du fleuve Larissus, et il ajoute [8], que de ce fleuve à Dymé, il y a environ 400 stades. Toutes ces distances me paraissent exactes, à l'exception de la dernière, qui ne peut cadrer avec les mesures prises par mer. Paulmier s'est bien aperçu [9] qu'il devait y avoir une erreur dans ce nombre de 400 stades; mais il ne l'a point corrigée. Je propose de substituer 40 à 400; et alors on aura 363 ou 373 stades d'Olympie à Dymé. Mes cartes en donnent plus de 320 en droite ligne.

Je ne pouvais placer Dymé à une plus grande distance d'Olympie; Dymé n'était qu'à 60 stades du cap Araxe selon Strabon [10], et le portulan Vénitien ne compte que 18 milles, en droite ligne, de ce cap au Chélonitès qui est déja fixé.

M. Verguin a levé le plan d'un mouillage situé à l'est du cap Araxe, aujourd'hui le cap Papa, et qui s'étend jusqu'à Dymé. De ce mouillage, la ville de Patras, autrefois Patræ, a été observée, suivant Bellin [11], à l'est-quart-nord-est. La variation m'a paru corrigée dans ce rayon, et la distance de Dymé à Patræ, est de 120 stades, selon plusieurs auteurs anciens [12]. Du cap Araxe à Patræ, il y a donc 180 stades. On en mesure sur mes cartes 164 ou 165 en droite ligne.

Patræ est encore fixée par sa distance de l'isthme de Corinthe. Elle est de 720 stades, selon Agathémère [13], et on ne peut la soupçonner d'erreur, car Pline en fait compter autant. Ce dernier dit [14], que la longueur du golfe de Corinthe, ou de la mer de Crissa, jusqu'à l'isthme, est de 85 milles, et il ajoute [15] que du promontoire

---

[1] *Journal de Vernon*, p. 302.

[a] Dans ma nouvelle Carte générale, Sparte n'est qu'à environ 3 minutes au delà du 37.e degré de latitude.

[2] *Journal de Vernon*, ibid.

[b] En effet, cette hauteur est fautive, comme toutes celles données par cet astronome. M. de Chabert a observé Coron à 36° 47′ 26″ de latitude, et c'est à peu près où je l'avais placée dans mes Cartes.

[3] *Note manuscr. de M. Fréret.*

[c] Cette observation ayant été faite en pleine mer est fautive. M. de Chabert a observé que l'île de Cérigo, ainsi que les parties méridionales du Péloponèse descendent un peu plus au sud; mais je n'avais que cette détermination qui pût me guider dans mon premier travail.

[4] *Strab.* lib. 8, p. 367. *Pausan.* lib. 6, cap. 22, p. 510.

[5] *Plin.* lib. 4, cap. 5, t. 1, p. 193.

[6] *Diod.* lib. 14, p. 248. *Pausan.* ibid. p. 509.

[7] *Pausan.* ibid. cap. 26, p. 520.

[8] *Id.* lib. 7, cap. 17, p. 564.

[9] *Palmer. exercit.* p. 412.

[10] *Strab.* ibid. p. 337.

[11] *Bellin*, descript. du golfe de Ven. p. 186.

[12] *Apollod. in Steph. fragm.* voc. Δύμη. *Strab.* ibid. p. 336. *Pausan.* ibid. cap. 18, p. 567 et 568. *Peuting. tab.* segm. 7.

[13] *Agathem.* lib. 1, cap. 4, p. 10, ap. geogr. min. Græc. t. 2.

[14] *Plin.* ibid. cap. 4, t. 1, p. 192.

[15] *Id.* ibid. cap. 5, p. 192.

Rhium, il y a 5 milles jusqu'à Patræ ; en tout 90 milles, qui font juste 720 stades. Cette mesure s'accorde même assez bien avec quelques distances particulières données sur la côte de l'Achaïe, par Pausanias et la table de Peutinger [1]. On trouve sur mes cartes 665 stades en droite ligne, entre la partie de l'isthme sur la mer de Crissa, où vient aboutir une muraille, et la position de Patræ. La réduction de la mesure itinéraire à une ligne droite, paraîtra peut-être un peu faible ; mais on n'en sera point surpris, si l'on fait attention que la côte est presque droite, et qu'elle ne fait d'autre coude que celui du cap de Sicyone. Ce cap a été relevé par Wheler [2], de l'Acro-Corinthe dans l'aire de vent nord-ouest-quart-nord, et de ce cap les portulans Grec et Vénitien marquent l'ouest-quart-sud-ouest, et même l'ouest-sud-ouest jusqu'à Patras [a].

En face de Patras est l'île de Céphalonie, autrefois Céphallénie, qui n'est éloignée que de 80 stades du cap Chélonitès dans le Péloponèse, selon Strabon [3], et de 60 de l'île de Zante. Sa figure est prise d'une carte Vénitienne, la même dont M. d'Anville s'est servi [4]. Cette carte qui m'a paru dressée avec soin, m'a encore fourni une partie de l'île d'Ithaque, aujourd'hui Teaki ; et les ports situés dans le nord de cette dernière île, sont réduits d'un plan levé par M. Verguin.

De Céphallénie, Strabon compte encore [5] 50 stades jusqu'à Leucade ; mais cette distance est fautive, car les marins ne mettent pas moins de 3 lieues marines, ou 9 milles d'Italie, entre ces deux îles [6]. C'est aussi ce que j'ai employé dans ma carte, en suivant l'aire de vent indiqué par le portulan Vénitien, du cap le plus septentrional de Céphalonie, au plus méridional de Leucade. Cette dernière île, appelée aujourd'hui Sainte-Maure, et qui ne fut pendant longtemps qu'une presqu'île, est réduite d'une carte de Coronelli, dont M. d'Anville s'est aussi servi [7b]. La côte du continent opposé vers Alyzie, ainsi que les îles qui se trouvent entre deux, sont prises d'un plan levé par M. Verguin.

La ville de Leucas n'était pas située au même endroit que celle de Sainte-Maure d'aujourd'hui. On en voit les ruines à quelque distance au midi, sur le bord de la mer, et dans l'endroit où l'île approche le plus de la terre-ferme. Elle avait été bâtie par les Corinthiens sur l'isthme qui joignait d'abord la presqu'île au continent ; mais l'isthme ayant été coupé, la ville se trouva dans l'île, et le canal prit le nom de Dioryctos. On comptait 700 stades olympiques de Patræ à Leucas, au rapport de l'antiquité [8]. Cependant on n'en trouve que 575 en droite ligne dans ma carte, parce que la navigation est fort embarrassée dans cet espace, et que d'ailleurs, la distance de Naupacte à Dioryctos, selon la table de Peutinger, ne m'a pas permis d'en admettre davantage.

---

[a] *Pausan.* lib. 7, passim. *Peuting. tab. segm.* 7.

[2] *Whel. a journ.* book 6, p. 442.

[a] Dans ma nouvelle *Carte générale de la Grèce avec ses colonies*, cette côte prend une direction un peu différente et l'espace est plus resserré. Je me suis appuyé sur les positions de Corinthe et de Patras, dont la première est plus méridionale que je ne l'avais faite d'abord d'environ 7 minutes, et la seconde plus septentrionale d'environ 3 minutes et demie, comme je le dirai par la suite.

[3] *Strab.* lib. 10, p. 456 et 458.

[4] *D'Anville,* anal. des côtes de la Grèce, p. 10 et 21.

[5] *Strab.* ibid. p. 456.

[6] *Coronelli, descript. de la Morée*, p. 65. *Bellin, descript. du golfe de Ven.* p. 163.

[7] *D'Anville,* ibid. p. 10.

[b] Cette Carte se trouve dans l'Atlante Veneto du P. Coronelli, Venetiis 1690, plusieurs volumes in-fol.

[8] *Polyb. ap. Strab.* lib. 2, p. 105. *Plin.* lib. 2, cap. 108, t. 1, p. 124 ; lib. 4, cap. 4, p. 192. *Agathem.* lib. 1, cap. 4, p. 10, ap. geogr. min. Græc. t. 2.

Naupacte, aujourd'hui Lépante, est plus orientale que Patræ. Cette ville est située sur la mer de Crissa, peu loin du cap Antirrhium. De là, la table de Peutinger donne [1], en plusieurs distances, 78 milles romains jusqu'à Dioryctos. Les 78 milles font 624 stades olympiques, et j'en ai employé plus de 600 en droite ligne.

Sur cette route, on traversait l'Achéloüs, aujourd'hui Aspro-potamo ou fleuve blanc. Corouelli a donné [2] la carte d'une partie du cours de ce fleuve, qui fut dressée à l'occasion d'une incursion que firent les Vénitiens dans l'Acarnanie et dans l'Étolie en 1684. J'y ai retrouvé le passage de la route ancienne ; mais comme l'échelle en est fautive, je l'ai rectifiée d'après les distances indiquées par le C.ᵉ Foucherot [3], qui a traversé ce pays, et j'ai assujetti la carte entière à la position d'Œniadæ [a], située à l'embouchure même de l'Achéloüs, et qui était éloignée de 100 stades du cap Araxe dans le Péloponèse [4].

Cette carte s'étend jusqu'aux ruines de Stratos, qui était bâtie sur la rive droite du fleuve, à 200 stades et plus de son embouchure, selon Strabon [5]. Cependant le même auteur dit bientôt après [6], que Stratos est à moitié chemin d'Alyzie à Anactorium, et cette dernière ville était sur le golfe d'Ambracie. Paulmier a essayé [7] de concilier ces deux passages : mais sa sagacité ordinaire paraît l'avoir abandonné en cet endroit ; il ne dit rien de satisfaisant. S'il eût fait attention à la position respective des lieux, il aurait facilement vu que le second passage est corrompu, et qu'il faut y lire Ἀντίῤῥιον, au lieu d'Ἀνακτόριον.

De Leucas, Strabon compte [8] 240 stades jusqu'au temple d'Actium, à l'entrée du golfe d'Ambracie, du côté de l'Acarnanie. Cette distance me paraît fautive, car la table de Peutinger ne marque [9] que 15 milles entre Dioryctos et Nicopolis, qui fut depuis bâtie par Auguste, de l'autre côté du golfe, en Epire [b]. Les portulans mêmes et les voyageurs [10] ne comptent que 12 milles de la forteresse de Sainte-Maure, à celle de la Prévéza ; et ces milles, qui ne peuvent être que des milles grecs, sont employés en droite ligne dans ma carte. Pour le gisement, j'ai suivi celui qu'indique Bellin [11].

Le golfe d'Ambracie, aujourd'hui de l'Arta, est réduit d'une grande carte de Coronelli [c]. C'est celle dont M. d'Auville s'est servi [12] : aussi ai-je été obligé, comme lui, d'en corriger l'échelle, et d'assujettir la carte aux mesures que Polybe donne [13] de ce golfe.

A cette latitude, la Grèce est resserrée entre deux golfes, un au couchant, celui d'Ambracie, et l'autre au levant, le golfe Maliaque ; en sorte que l'espace qui les sépare, est regardé par Strabon comme un isthme, dont il donne [14] la mesure. Elle est de 800 stades depuis le fond du golfe d'Ambracie, jusqu'aux Thermopyles sur le golfe

---

[1] *Peuting. tab.* segm. 7.

[2] *Coronelli, descript. de la Morée*, p. 69.

[3] *Foucherot, voyag. manuscr.*

[a] Œniadæ est aujourd'hui Trigardon dont il est question dans la géographie de Mélétius, (Lib. 1, sect. 18, cap. 3, n.° 13, p. 323.) et dans le voyage que Cyriaque d'Ancône fit en Grèce en 1436, et qui a été imprimé avec ses inscriptions à Rome, en 1747, en un vol. in-fol.

[4] *Polyb. hist.* lib. 4, p. 329.

[5] *Strab.* lib. 10, p. 450.

[6] *Id.* ibid.

[7] *Palmer. Græc. antiq.* p. 388.

[8] *Strab.* ibid. p. 451.

[9] *Peuting. tab.* ibid.

[b] Nicopolis est aujourd'hui un lieu en ruines, que l'on appelle la Prévéza vecchia.

[10] *Des-Hayes, voyag. du Levant*, p. 467, Paris, 1632, in-4.° *Spon, voyag.* t. 1, p. 81.

[11] *Bellin, descript. du golfe de Ven.* p. 161.

[c] Cette Carte se trouve dans l'Atlante Veneto.

[12] *D'Anville, anal. des côtes de la Grèce*, p. 10. *Mém. de l'acad. des bell. lettr.* t. 32, p. 513.

[13] *Polyb.* ibid. p. 327.

[14] *Strab.* lib. 8, p. 334. *Strab. epitom.* lib. 8, p. 112, ap. geogr. min. Græc. t. 2.

Maliaque. Cette mesure m'a servi à déterminer le point des Thermopyles ; qui est encore fixé par un autre côté. Le même auteur dit [1] que du fond du golfe de Crissa, il y a 508 stades en droite ligne, jusqu'aux Thermopyles. Ce que Strabon appelle le golfe de Crissa, est la mer de Crissa ou d'Alcyon, qui fut nommée depuis golfe de Corinthe. Il ne reconnaît point de golfe de Crissa particulier près de Delphes, et peut-être moi-même ai-je eu tort de le distinguer de la mer de Crissa, dans mes cartes [a]. Enfin le fond du golfe de Crissa de Strabon, est aux environs de Pagæ de la Mégaride [2]. En prenant de cette ville sur mes cartes, on mesure en droite ligne 470 stades jusqu'aux Thermopyles [b] ; et, si ce nombre ne remplit pas tout-à-fait celui de Strabon, c'est que la combinaison des rayons que je citerai tout-à-l'heure, ne m'a pas permis d'en admettre davantage. La première distance est employée en droite ligne, à 12 stades près.

Le fond de la mer de Crissa est établi, 1°. sur la distance de Pagæ à Mégare ou à Nisée [3] ; 2.° sur celle de Creusis dans la Béotie, au cap Olmies près de Corinthe [4] ; 3.° Enfin, sur le rayon que Wheler a tiré [5] sur ce même cap, du port San-Basilio, à l'est de celui appelé autrefois Eutretus, et aujourd'hui Livadostro.

Pour l'intérieur de l'Attique, de la Béotie et de la Phocide, il semble d'abord qu'on doive suivre la carte de Wheler ; mais si on l'examine avec attention, on verra bientôt qu'on ne saurait s'y fier. Cette carte diffère essentiellement du journal de ce voyageur. Les rayons indiqués par celui-ci, ne sont plus les mêmes sur la carte. Je ne citerai pour exemple que la position de Corinthe. On a vu qu'elle devait être plus méridionale qu'Athènes, selon les rayons de Wheler ; cependant elle sera toujours plus septentrionale sur la carte, de telle manière qu'on la prenne. Je sais bien qu'on pourrait diminuer la différence de hauteur qui se trouve entre ces deux villes, sur cette carte, en prenant le nord pour celui de la boussole ; mais toujours est-il vrai que Corinthe ne descendra jamais dans sa vraie place. Il en est de même des autres lieux observés par Vernon. Au contraire, en conservant la carte de Wheler telle qu'elle est, et prenant dans le nord qui y est tracé, la proportion entre les lieux observés, on voit qu'ils sont tous, à peu de chose près, dans les hauteurs indiquées. Wheler a donc assujetti sa carte aux observations de Vernon ? Mais pourquoi recourir aux preuves ? Wheler le dit lui-même dans sa préface. Il ne prend pas garde que ces hauteurs, la plupart mal observées [c], détruisent l'exactitude de ses opérations ; et, d'ailleurs, comment pouvait-il placer des lieux dans leurs latitudes, sur une carte levée à la boussole, et dont la variation n'était point corrigée ? On ne peut donc faire usage de sa carte que par parties ? Elle servira plutôt de mémoire que de représentation exacte du terrain.

J'ai repris tous les rayons indiqués par Wheler. J'ai suivi l'original anglais, parce que

---

[1] *Strab.* lib. 0, p. 334. *Strab. epitom.* lib. 8, p. 110. ap geogr. min. grec. t. 2.

[a] Dans cette nouvelle édition, je n'ai point fait de golfe particulier de Crissa.

[2] *Strab.* ibid. p. 336 et 379 ; lib. 9, p. 409.

[b] Ce nombre n'est plus le même sur ma nouvelle *Carte générale de la Grèce avec ses colonies*, à cause des nouvelles combinaisons que j'ai été obligé de faire, et dont je rendrai compte dans la suite de cette Analyse.

[3] *Strab.* lib. 8, p. 334. *Strab. epitom.* ibid. p. 111 ,ibid. *Peuting. tab.* segm. 7.

[4] *Strab.* lib. 9, p. 409.

[5] *Whel. a journ.* book 6, p. 472.

[c] On peut dire même très-mauvaises.

la traduction française est souvent fautive. Wheler, à la vérité, n'indique que des aires de vent, qui laissent dans une incertitude de 11 degrés 15 minutes ; mais par la combinaison d'un grand nombre de ces aires de vent, je suis parvenu à fixer quelques points assez exactement, et j'ai lieu de croire que j'ai rétabli sa carte, à peu de chose près, comme elle était auparavant qu'il l'eût assujettie aux observations de Vernon. J'ai seulement corrigé dans tous ses rayons, la variation que j'ai faite avec M. d'Anville [1], d'un quart de vent vers le nord-ouest.

Les plans du C.ⁿ Foucherot m'avaient donné les sommets du mont Pentélique, du mont Hymette et des monts Cérates ; je suis parti avec Wheler de ces deux derniers, ainsi que de l'Acro-Corinthe, pour fixer le Cithéron. De celui-ci et de l'Acro-Corinthe, j'ai fixé l'Hélicon et même le sommet du Parnasse appelé Lycorée, que Wheler a relevé [2] juste au nord de l'Acro-Corinthe. Du Cithéron, de l'Hélicon et du Parnasse, j'ai fixé le mont Ptoüs dans la Béotie. De celui-ci et du Cithéron, le mont Teumesse près de Chalcis ou Négrepont. Du Cithéron et du mont Hymette, le Parnès. Du mont Ptoüs, plusieurs montagnes dans l'île d'Eubée, et une près d'Oponte, aujourd'hui Talanda. Enfin de l'Acro-Corinthe, plusieurs caps avancés dans la mer de Crissa [a]. Parmi toutes ces combinaisons, la position de Chalcis, ou Négrepont en Eubée s'est trouvée dans la latitude indiquée par Vernon [3 b] ; mais Delphes ni Thèbes n'ont pu s'y rencontrer.

De Turco-chorio, autrefois Elatée, Wheler a relevé [4] le sommet du Parnasse au sud-quart-sud-ouest ; en prenant le rayon opposé, j'ai fixé Elatée d'après le Parnasse. Turco-chorio est placé, sur une carte des Thermopyles, levée en 1781 par le C.ⁿ Foucherot, en sorte qu'il m'a été facile d'assujettir cette carte aux miennes. Cette carte est la même que j'ai en partie copiée dans mon plan du passage des Thermopyles. Elle m'a conduit jusqu'à Zeitoun, et de plus elle m'a donné la pointe de l'île d'Eubée. Zeitoun est l'ancienne Lamia, comme le prouve une inscription que Paul Lucas a rapportée [5] ; mais le terrain aux environs est presque méconnaissable. Le Sperchius ne coule plus dans le même lit qu'autrefois : les marais qui existaient du temps d'Hérodote, sont actuellement terre-ferme ; le golfe Maliaque se comble tous les jours, et enfin le détroit des Thermopyles est beaucoup plus large qu'il n'était du temps de Xerxès.

Depuis Athènes jusqu'aux Thermopyles, et même au-delà, beaucoup de distances qui sont données par les auteurs anciens, m'ont paru être en stades pythiques, ou plus courts d'un cinquième que les stades olympiques. Je ne citerai ici pour exemple que celles des Thermopyles. Par leur comparaison avec les mêmes distances en mesure romaine, on verra que les stades dont elles sont composées, sont tous de 10 au mille.

Hérodote, en décrivant ce fameux passage, compte [6] 45 stades d'Anticyre sur le

---

[1] D'Anville, anal. des côtes de la Grèce, p. 25.
[2] Whel. a journ. book 4, p. 318.
[a] Les nouvelles bases d'après lesquelles je suis parti pour la composition de ma nouvelle *Carte générale de la Grèce avec ses Colonies*, m'ont forcé de changer quelque chose à ces combinaisons ; mais c'est ce dont je rendrai compte dans la suite de cette Analyse.
[3] *Journal de Vernon*, p. 302.

[b] Elle ne s'y trouve plus actuellement non plus que les autres, d'où il résulte que toutes les observations de cet astronome sont fausses. On peut même douter qu'il ait jamais observé.
[4] Whel. ibid. book 6, p. 462.
[5] *Paul Lucas, second voyage*, t. 1, p. 405. inscript. 52.
[6] Herodot. lib. 7, cap. 198.

Sperchius jusqu'à Trachis, et Strabon [1] dit que le Sperchius est à 30 stades de Lamia; au total 75 stades de Trachis à Lamia. Mais Trachis ayant été détruite suivant le même Strabon [2], Héraclée fut bâtie à environ 6 stades de distance en-deçà. Otez ces 6 stades de 75, il restera 69 pour la distance de Lamia à Héraclée; et Tite-Live dit précisément [3], en parlant de ces deux villes, *intersunt septem millia fermè passuum*. Le même rapport se trouve encore dans la distance d'Héraclée, au point des Thermopyles où passent les eaux chaudes. Cette distance est de 40 stades, selon Thucydide [4], et elle est confirmée par Strabon [5]; cependant Pline ne la fait [6] que de 4 milles romains.

Un rayon tiré par le C.ⁿ Foucherot, des Thermopyles mêmes, sur la côte de la Thessalie, qui s'avance le plus au midi, m'a donné la direction du canal qui sépare cette province de l'Eubée. Ce canal est beaucoup plus long que ne le font la plupart des cartes connues; mais il est extrêmement étroit, car je n'ai pu employer les 80 stades que donne Hérodote [7] pour la distance de l'Artemisium à Aphetæ, que sur le pied de 53 toises environ [a], chacun, comme l'a fait M. d'Anville dans sa carte de *Græcia*. La longueur de ce canal est la même que celle de la côte d'Eubée qui le borde, et cette côte s'étend l'espace de 36 milles d'Italie, selon une carte manuscrite de l'Archipel, dressée par le pilote Gautier en 1738. Sur le cap le plus septentrional de l'île d'Eubée, était autrefois la ville de Cérinthe, dont le nom a été changé, par la mal-adresse des navigateurs, en celui de Capo-rhento.

De ce cap plusieurs cartes marquent le nord jusqu'au Sépias, aujourd'hui le cap Saint-Georges, et celle de Gautier place ce dernier juste au midi de la pointe de Cassandre, autrefois le cap Posidium dans la presqu'île de Pallène. La distance du cap Posidium au Sépias m'a paru être de 35 milles d'Italie. Gautier la fait plus forte; mais elle ne saurait l'être de beaucoup, car la hauteur du cap Posidium est fixée par celle de Therme, aujourd'hui Salonique, dans le fond du golfe Thermaïque. Toute la côte depuis cette ville jusqu'au cap Canastræum, aujourd'hui Canouistro, est réduite d'une carte levée géométriquement, en 1738, par M. Leroi, ingénieur, embarqué avec M. d'Antin. La carte de M. Leroi m'a aussi fourni les embouchures de l'Axius, et même la côte de Thessalie, quoique cette dernière n'y soit posée qu'à l'estime.

Salonique a été observée en longitude et en latitude par le P. Feuillée [8]. Elle est à 20 degrés 48 minutes à l'orient de Paris et à 40 degrés 41 minutes 10 secondes de latitude [b]. C'est cette position qui m'a servi à déterminer la longitude de la Grèce entière, dans ma carte générale.

Du reste, le sommet du mont Olympe en Thessalie, est fixé par un rayon tiré de Salonique. La vallée de Tempé est figurée d'après une carte manuscrite de M. Stuart,

---

[1] *Strab.* lib. 9, p. 433.

[2] *Id.* ibid. p. 428.

[3] *Liv.* lib. 36, cap. 25.

[4] *Thucyd.* lib. 3, cap. 92.

[5] *Strab.* ibid. p. 429.

[6] *Plin.* lib. 4, cap. 7, t. 1, p. 199.

[7] *Herodot.* lib. 8, cap. 8.

[a] 103 mètres 26 centimètres.

[b] *Mém. de l'Acad. des Sciences*, ann. 1702, p. 9.

[b] Cette latitude est très-bonne, mais la longitude est fautive. J'ai été forcé de pousser cette position plus dans l'ouest, et je rendrai compte, dans la suite de cette Analyse, des raisons sur lesquelles je me suis fondé.

savant anglais, qui a donné les Antiquités d'Athènes [a] ; et le fond du golfe Pagasétique est déterminé, comme j'ai dit, par la hauteur de Pagase, aujourd'hui le château de Volo. Ce château est à 39 degrés 21 minutes de latitude, selon Dapper [1]. Je ne sais d'où il a pu tirer cette observation, mais elle m'a paru assez exacte. Les îles Sciathos, Scopélos et celles qui les suivent, sont prises de la carte de Gautier, excepté celle de Scyros, qui est réduite du plan qu'en a donné M. de Choiseul-Gouffier [2 b].

Sur la côte occidentale, je suis resté au golfe d'Ambracie ; je vais actuellement fixer l'île de Corcyre, aujourd'hui Corfou. Coronelli a donné une carte assez détaillée de cette île [c] ; mais l'échelle en est fautive. M. d'Anville l'a rectifiée [3] en la comparant avec un plan levé par M. Verguin. J'en ai agi de même, et j'ai ensuite assujetti à la position de cette île, la côte de l'Epire, depuis Buthrotum jusqu'au cap Chimerium, et même au-delà. La plupart des portulans placent les îles Paxæ, à l'est et au sud-est de Corfou ; néanmoins elles en sont au midi assez juste dans toutes les cartes, et c'est ainsi qu'on les trouve dans la mienne. La figure que je leur ai donnée est prise d'une carte de van-Keulen.

De ces îles, les portulans grec et compilé marquent le sud-quart-sud-est jusqu'au cap Sidero, le plus occidental de Céphallénie : et Levanto dit [4] que c'est en général l'aire de vent que l'on suit en allant de Corfou à Céfalonie. La distance est différente, selon différents auteurs ; mais elle est déterminée par la latitude de Corfou. Cette ville est à 39 degrés 37 minutes de latitude, selon les tables de Riccioli et de Pimentel [5], qui sont construites sur les observations des navigateurs [d]. La position de Corfou vérifie les 700 stades que les anciens comptaient [6] de Leucas à Corcyre. Cette dernière ville n'est pas, à la vérité, la même que Corfou ; on en voit les ruines à peu de distance au midi, dans une presqu'île appelée aujourd'hui Chersopoli, et de cette presqu'île à Leucas, sur ma carte, on mesure 612 stades olympiques en droite ligne. La réduction est assez convenable.

De Corcyre les anciens comptaient encore [7] 700 stades jusqu'aux monts Acro-cérauniens, ou même simplement 660, comme porte le manuscrit d'Agathémère [8], quoique Tennulius ait jugé à propos de le corriger d'après le texte de Pline. Il aurait mieux fait de corriger Pline [9] d'après Agathémère. On mesure sur ma carte 590 stades en droite ligne, entre Corcyre et la pointe des monts Acro-cérauniens, ou Cérauniens simplement, qui est aujourd'hui appelée la Linguetta. La réduction n'est pas trop forte ; d'ailleurs cette pointe est fixée par d'autres moyens.

---

[a] Nous avons promis de donner une traduction française avec des notes, de ces antiquités d'Athènes ; cette traduction est faite, et nous l'aurions publiée, si les gravures ne nous avaient retardés.

[1] *Dapper, descript. de l'Archip.* p. 342.

[2] *M. de Choiseul-Gouffier, voyag. pittor. de la Grèce,* pl. 40, t. 1, p. 77.

[b] Toutes ces îles souffrent quelques changements par rapport à leurs gisements, dans la nouvelle Carte générale, mais j'en rendrai compte dans la suite de cette Analyse.

[c] Cette carte se trouve dans l'Atlante Veneto.

[3] *D'Anville, anal. des côtes de la Grèce,* p. 9.

[4] *Levanto, specchio del mare,* p. 105.

[5] *Ricciol. geogr. et hydrogr. reform.* lib. 9, cap. 4, p. 394, Venet. 1672, in-fol. *Pimentel, arte de navegar,* p. 216, Lisboa, 1712, in-fol.

[d] Cette latitude ne diffère que d'une minute dix-huit secondes en moins, de celle que le C.ᵉ Beauchamp a observée à terre, en cette ville, en 1796, et c'est cette dernière que j'ai suivie dans ma nouvelle *Carte générale de la Grèce avec ses colonies,* comme je le dirai dans la suite de cette Analyse.

[6] *Polyb. ap. Strab.* lib. 2, p. 105. *Plin.* lib. 2, cap. 108, t. 1, p. 124. *Agathem.* lib. 1, cap. 4, p. 10, ap. geogr. min. Græc. t. 2.

[7] *Polyb. ap. Strab.* ibid.

[8] *Agathem.* ibid.

[9] *Plin.* ibid.

Sa latitude est prise d'une grande carte du golfe d'Oricum, aujourd'hui de la Valone, levée géométriquement en 1690, par un ingénieur Vénitien nommé Alberghetti, et sur laquelle la graduation paraît dériver d'une observation astronomique faite à la Valone même, quoique la carte n'en fasse pas mention. Sa longitude est conclue de son gisement à l'égard de la pointe la plus septentrionale de Corfou. Du moins Levanto dit [1] que de l'île Saseno, autrefois Saso, qui est peu éloignée de la Linguetta, il y a 10 lieues au sud-sud-est jusqu'à Corfou. Les lieues de ce pilote sont toujours de 4 milles d'Italie, comme l'a remarqué M. d'Anville [2], et en prenant le rayon opposé à celui de Levanto, et partant du cap Phalacrum le plus septentrional de Corfou, les 10 lieues tombent juste sur la latitude que la carte vénitienne assigne à la pointe de la Linguetta. J'ai donc lieu de croire les monts Cérauniens assez bien placés sur ma carte? D'un autre côté, la position du cap de la Linguetta, qui est au midi juste de Saseno dans la carte vénitienne, se vérifie par celle de la petite île Thoronos [a]. Cette dernière est directement au midi de Saseno [3], et juste à l'ouest [4] du Phalacrum de Corcyre.

La carte du golfe d'Oricum, qui paraît levée avec le plus grand soin, m'a donné les côtes de ce golfe, celles de l'île Saso, et même une partie du cours du fleuve Celydnus. J'ai aussi profité d'une note gravée sur cette carte. C'est une description succincte, mais assez bien faite, du pays aux environs de la Valone, l'ancienne Aulon. Elle m'a fourni les distances en descendant au midi jusqu'à Buthrotum, en face de Corcyre; et j'en ferai encore usage pour remonter jusqu'à Durazzo ou Epidamne, en Illyrie. Ce qui doit étonner, c'est qu'une carte aussi exacte soit restée presque inconnue jusqu'à M. d'Anville [5]; cela vient sans doute de ce que la plupart des géographes, habitués à se copier les uns les autres, n'ont jamais pensé à reprendre la Grèce en détail, comme l'a fait M. d'Anville.

De l'île Saseno, les portulans Grec et compilé, Levanto [6] et Alberghetti dans sa note, marquent le nord direct jusqu'à Durazzo. J'ai suivi cet aire de vent; et pour la distance, je crois qu'on peut s'en tenir à celle d'Alberghetti, qui est de 60 milles d'Italie. Ce n'est pas que les autres en diffèrent beaucoup; mais c'est la plus forte de toutes, et néanmoins entre deux indications différentes de la latitude de Durazzo, elle m'a forcé d'adopter la plus faible. Cette indication, comme je l'ai dit, est celle de la table de Philippe Lansberge [7], qui place Durazzo à 41 degrés 27 minutes. Les tables de Harris et de Riccioli, font cette ville plus septentrionale. Elles en donnent [8] la latitude à 41 degrés 58 minutes, mais il faudrait presque le double de distance pour atteindre cette détermination.

Par tout ce que j'ai rapporté, il me semble que la côte occidentale de la Grèce, est assez bien fixée; il ne s'agit plus actuellement que de savoir si la traversée jusqu'à la côte orientale, n'aura rien changé à mes mesures. J'ai déja déterminé la largeur de la Grèce, d'abord dans le Péloponèse, par la distance d'Argos à Olympie;

---

[1] *Levanto, specchio del mare.* p. 95 et 104.
[2] *D'Anville, anal. des côtes de la Grèce,* p. 4.
[a] Aujourd'hui l'île Fanu.
[3] *Portul. Grec et compilé. Levanto,* ibid.
[4] *Portul. Manuscr. Coronelli, descript. de la Morée,* p. 63.

[5] *D'Anville,* ibid. p. 6.
[6] *Levanto,* ibid. p. 95.
[7] *Philip. Lansberg. tab. mot. cœl. perp.* p. 8, Middelb. 1663, in-fol.
[8] *Harris, diction.* at the word latitude, London, 1736, in-fol. *Ricciol. geogr. et hydrogr. reform.* lib. 9, cap. 4, p. 397.

ensuite dans le milieu de la Grèce même, par celle du golfe d'Ambracie aux Thermopyles : je vais la vérifier dans la partie la plus septentrionale, par la mesure de la voie Egnatienne, qui conduisait d'Apollonie et d'Épidamne à Thessalonique, ou Therme, dans le fond du golfe Thermaïque, et même au-delà. A la vérité, ce chemin ne fut construit que par les Romains, longtemps après l'époque du voyage d'Anacharsis ; mais toutefois sa mesure jusqu'à Thessalonique servira-t-elle à déterminer l'espace qui sépare les deux mers. Cette mesure est donnée en milles romains.

Polybe, au rapport de Strabon [1], comptait 267 milles sur cette route, depuis Apollonie en Illyrie, jusqu'à Thessalonique. Strabon remarque ensuite [2] que la route n'était pas plus longue en partant de Dyrrhachium ou Épidamne, que d'Apollonie ; ainsi il sera indifférent d'en prendre la mesure de l'une ou de l'autre de ces villes. Je la prendrai d'Épidamne, parce que c'est un des lieux que j'ai fixés dans cette Analyse. Les 267 milles romains, à raison de 756 toises [a] chacun, comme les évalue M. d'Anville [3], font une somme de 201852 toises [b] ; et l'on en mesure, sur ma carte, 167200 [c] en droite ligne, entre Épidamne et Therme. La réduction de la mesure itinéraire à la ligne droite, est d'environ un sixième. Je crois qu'elle paraîtra convenable pour un pays hérissé de montagnes, et dans lequel la route est obligée de traverser plusieurs défilés [d]. D'ailleurs, Alberghetti dit que l'on ne compte guère actuellement que 200 milles d'Italie, de Durazzo à Salonique.

Dans l'intérieur de l'Épire, on remarquera quelques détails qui ne se trouvent point sur les cartes publiées précédemment. Ils sont tirés en partie d'un voyage manuscrit, fait de l'Arta, autrefois Ambracie, par Joannina et Gomphi à Larisse en Thessalie, et en partie de la géographie grecque de Mélétius, natif de Joannina même, ville située sur le lac Achérusie. On s'étonnera peut-être de voir ce lac très-loin de la mer dans l'intérieur des terres, tandis que toutes les cartes le plaçaient à l'embouchure de l'Achéron ; cependant Scylax et Strabon [4] font venir l'Achéron de ce lac, bien loin de le faire tomber dedans ; et Pline est encore plus positif, lorsqu'il dit [5] que l'Achéron, après être sorti du lac Achérusie, fait 36 milles de chemin pour se rendre à la mer. C'est en effet la distance de Joannina au port Veliki, autrefois Glycys ou le port doux. L'Achéron, dans cet espace, se perd pendant quelque temps sous terre, selon Mélétius [6], et c'est, sans doute, ce qui l'a fait prendre pour un fleuve des enfers. Le Cocyte, qui sort du même lac, en fait vraisemblablement autant [*].

Je n'entrerai pas dans un aussi grand détail sur le reste de ce que représente ma carte générale, quoique toutes les parties en aient été dressées sur même échelle que mes cartes particulières. Ma carte générale n'est, pour ainsi dire, que l'extrait d'un plus grand travail ; c'est pourquoi il suffira d'en indiquer les points généraux.

---

[1] *Polyb.* ap. *Strab.* lib. 7, p. 323.

[2] *Strab.* ibid.

[a] 1472 mètres 98 centimètres.

[3] *D'Anville*, trait. des mes. itin. p. 44.

[b] 393287 mètres 39 centimètres.

[c] 325771 mètres 61 centimètres.

[d] La mesure de cette route est encore plus courte sur la nouvelle *Carte générale de la Grèce avec ses Colonies*, parce qu'elle est assujettie aux positions de Durazzo et de Salonique.

[4] *Scyl.* p. 11, ap. geogr. min. Græc. t. 1. *Strab.* ibid. p. 324.

[5] *Plin.* lib. 4, cap. 1, t. 1, p. 189.

[6] Μελιτ. γιωγρ. lib. 1, sect. 18, cap. 3, n.° 10, p. 319. Venet. 1728, in-fol.

[*] Les possessions actuelles des français sur cette partie des côtes de la Grèce, les mettra, sans doute, à même d'acquérir des connaissances détaillées sur ces fleuves.

La figure des trois presqu'îles de la Chalcidique et du golfe de Piérie, jusques et compris l'île de Thasos, est prise d'une carte manuscrite du pilote Gautier, trouvée parmi les papiers de M. Fréret. Cette carte a été assujettie à celle de la côte orientale du golfe Thermaïque, levée géométriquement par M. Leroi, et dont j'ai parlé. Sur cette carte de Gautier, la presqu'île qui renferme le mont Athos, est un peu plus longue que sur une autre carte manuscrite de l'Archipel, du même pilote, qui se trouve dans la collection géographique des affaires étrangères ; mais j'ai lieu de croire exact le manuscrit que j'ai suivi, parce qu'il s'accorde avec les mesures que Pline et Bélon donnent [1] de cette presqu'île, et que d'ailleurs le sommet du mont Athos s'est trouvé juste dans le rayon que Chandler a tiré dessus [2], des ruines d'Alexandria-Troas, plus anciennement Sigie, sur la côte de l'Asie-mineure [a].

L'île de Lemnos est placée d'après ses distances du mont Athos et de l'Hellespont, et d'après les rayons que forme l'ombre du mont Athos, en se projetant sur cette île [b]. Myrine, la principale ville de Lemnos, ne pouvait être sur la pointe nord-ouest, comme on la voit sur quelques cartes ; l'ombre du mont Athos ne parvenait à une vache de bronze qui était dans la place publique de cette ville, qu'au solstice d'été, selon le témoignage de presque toute l'antiquité [3] ; et Bélon a remarqué [4] que cette ombre se projetait déja sur l'angle nord-ouest de Lemnos, le 2 juin [c]. La côte de la Thrace, depuis Thasos jusqu'aux embouchures de l'Hèbre, est tracée d'après les indications des portulans, combinées avec les itinéraires romains.

Les Dardanelles, autrefois l'Hellespont, ont été observées en latitude par M. de Chazelles [5] ; néanmoins, pour leur position, je m'en suis entièrement rapporté à une grande carte manuscrite, levée dernièrement par M. Tondu, astronome, qui en a fixé la longitude et la latitude [d]. Cette carte m'a fourni le golfe de Mélas, la Chersonèse de Thrace, et la côte d'Asie opposée jusqu'à Ténédos. A celle-ci s'est jointe une autre carte également manuscrite, et levée par le C.n Truguet, commandant un brick aux ordres de M. de Choiseul-Gouffier. Elle m'a donné le reste de la côte de la Troade, le golfe d'Adramytte jusqu'à l'entrée de celui de Cume, et toute l'île de Lesbos [e].

La Propontide, aujourd'hui la mer de Marmara, est assujettie, d'un côté à la position de Byzance ou Constantinople, dont la longitude et la latitude sont tirées, comme j'ai dit, de la Connaissance des Temps pour 1788 [6], et de l'autre à celle des

---

[1] *Plin.* lib. 4, cap. 10, t. 1, p. 202. *Bélon, observat.* liv. 1, chap. 35.

[2] *Chandl. trav. in Asia-min.* chap. 8, p. 23.

[a] Le mont Athos est aujourd'hui bien connu, ainsi que la côte de la Thrace jusqu'à l'Hellespont, et même par-delà. Toute cette partie est réduite, sur ma nouvelle Carte générale, d'après celles du C.n Truguet, comme je le dirai dans la suite de cette Analyse.

[b] L'île de Lemnos a été relevée avec beaucoup de soin par le C.n Truguet, et c'est d'après ses Cartes qu'elle est placée sur ma nouvelle Carte générale.

[3] *Sophocl. ap. Etymol. magn. in Λιμ. Apollon. Rhod. Argon.* lib. 1, v. 604. *Plin.* ibid. cap. 12, t. 1, p. 214. *Plut. de fac. in orb. lun.* t. 2, p. 935. *Solin.* cap. 11, p. 31.

[4] *Bélon*, ibid. chap. 25.

[c] La ville de Myrine était à l'endroit où est encore la ville actuelle de Lemnos, suivant les Cartes du C.n Truguet.

[5] *Mém. de l'Acad. des sciences*, ann. 1761, p. 168.

[d] Les observations de M. Tondu se trouvent dans la Connaissance des Temps pour 1789, où le vieux château d'Asie des Dardanelles est marqué à 40.° 9.' 5." de latitude, et à 24.° 4.' 41." de longitude à l'orient du Méridien de Paris. C'est d'après cette détermination que j'ai assujetti cette Carte manuscrite des Dardanelles sur ma *Carte générale de la Grèce et ses îles* ; mais depuis, par un nouveau calcul, et toujours d'après les observations de M. Tondu, on a changé cette détermination. Dans la Connaissance des Temps pour 1792 et les suivantes, le vieux château d'Asie des Dardanelles, est indiqué à 40.° 9.' 8." de latitude, et à 23.° 59.' 15." de longitude à l'orient du Méridien de Paris ; et c'est d'après cette nouvelle détermination que j'ai assujetti cette même Carte des Dardanelles sur ma nouvelle *Carte générale de la Grèce avec ses Colonies.*

[e] Cette dernière Carte et celle des Dardanelles, font aussi partie du travail que le C.n Truguet a bien voulu me communiquer, et dont je parlerai plus amplement dans la suite de cette Analyse.

[6] *Connaissance des Temps pour 1788*, p. 245.

Dardanelles. Sa figure est prise d'une grande carte manuscrite, levée en 1731 par M. Bohn, ingénieur attaché au prince Ragozzi. Cette carte est la même que celle dont s'est servi M. d'Anville [1]. Je l'ai réduite exactement, si ce n'est que j'ai cru devoir placer Cyzique plus à l'orient, d'après les distances données par les auteurs anciens, et même par les voyageurs modernes [a]. Le fond du golfe d'Astacus et le lac qui est près d'Ancoré, sont tirés d'une carte manuscrite de M. Peyssonnel; et le Bosphore de Thrace, aujourd'hui le canal de Constantinople, est réduit du plan particulier que j'en ai donné.

A la position de Smyrne, qui a été observée en longitude et en latitude par le P. Feuillée [2][b], j'ai assujetti une grande carte manuscrite d'une partie de l'Archipel, que j'avais dressée en 1785. Cette carte représente toutes les îles, au midi du parallèle de Smyrne et au nord de celui de Rhodes, ainsi que les côtes correspondantes d'Europe et d'Asie. Les îles y sont placées d'après les relèvements qu'en ont faits Tournefort et d'autres voyageurs, et leurs figures sont prises de différents plans, dont quelques-uns sont manuscrits. On trouve un grand nombre de ces plans dans Tournefort; M. de Choiseul-Gouffier en a donné plusieurs [3], et j'ai encore tiré parti de ceux que renferment les recueils de Dapper, Boschini, et même de Bordoné. Les plans des îles Thera et Astypalée sont manuscrits : ils ont été levés en 1738 par M. Leroi, et la hauteur du pôle y a été observée [c].

Pour la côte d'Asie, le golfe Herméen, aujourd'hui de Smyrne, est réduit d'une carte manuscrite levée par le même M. Leroi, et le fond de celui de Cume est fixé par la position de Phocée. Cette ville était à un peu moins de 200 stades de Smyrne, selon Strabon [4]. Il ne faut pourtant pas croire que la ville de Smyrne que l'on trouve sur ma carte, soit la même que celle d'où part Strabon. Cette dernière ne fut bâtie que quelque temps après l'époque du voyage d'Anacharsis, à 20 stades de l'ancienne [5]; et c'est celle que l'on voit si florissante aujourd'hui. Le reste de la côte jusqu'à la Lycie [d], est pris des cartes de M. de Choiseul-Gouffier, auxquelles j'ai assujetti les routes de Chandler. Ces cartes ont aussi été combinées avec les distances données par les auteurs anciens.

Dans presque toute l'Asie-mineure, les rivières emportent avec elles une im-

---

[1] *D'Anville, analyse des côtes de la Grèce*, p. 33.

[a] Toute cette mer est bien différente sur ma nouvelle *Carte générale de la Grèce avec ses Colonies*; la partie occidentale en est réduite d'après les Cartes que m'a communiquées le C.ⁿ Truguet, mais son prompt départ pour l'Espagne m'a privé de la partie orientale.

[2] *Mém. de l'Acad. des sciences*, ann. 1702, p. 8.

[b] L'observation du P. Feuillée à Smyrne se trouve aussi dans la Connaissance des Temps pour 1788 et 1789. Cette position y est indiquée à 38.° 28.' 7." de latitude, et à 24.° 59.' 45." de longitude à l'orient du méridien de Paris; et c'est d'après cette détermination que j'ai assujetti cette grande Carte manuscrite de l'Archipel, dont il est ici question, sur ma *Carte générale de la Grèce et ses îles*. Mais dans la Connaissance des Temps pour 1792, et dans les suivantes, on a corrigé la longitude de cette ville d'après de nouvelles observations de MM. Tondu et Truguet. Cette longitude y est indiquée de 24.° 46.' 33." à l'orient du Méridien de Paris; et c'est d'après cette détermination, et quelques autres dont je parlerai dans la suite de cette Analyse, que j'ai corrigé et que j'ai assujetti sur ma nouvelle *Carte générale de la Grèce avec ses Colonies*, plusieurs parties de celle de l'Archipel dont il est question.

[3] *M. de Choiseul-Gouffier, voyage pittor. de la Grèce.*

[c] M. Leroi a observé la latitude dans la partie la plus méridionale de l'île de Santorin, à 36.° 29.' mais cette latitude ne peut être exacte, car M. de Chabert a fait une observation sur la partie la plus élevée de cette île qui fixe cette partie à 36.° 22', et c'est ainsi que je l'ai placée dans ma nouvelle *Carte générale de la Grèce avec ses Colonies*.

Je n'ai point par écrit la latitude que M. d'Anville dit (Anal. des côtes de la Grèce, p. 55.) avoir été observée par le même M. Leroi, au port Livourne, dans l'île de Stanpalia ou Astypalée; mais un plan manuscrit dressé par ce même M. Leroi, et renfermant en même temps les îles de Santorin et de Stanpalia, me la donnait naturellement.

[4] *Strab.* lib. 14, p. 663.

[5] *Id. ibid.* p. 646.

[d] Les côtes de la Carie et de la Lycie, ainsi que l'île de Rhodes, sont tracées sur ma nouvelle *Carte générale de la Grèce avec ses Colonies*, d'après une carte très détaillée, levée par un pilote français, et dont j'aurai occasion de parler dans la suite de cette analyse.

mense quantité de limon, et forment des atterrissements à leurs embouchures. Le Scamandre dans la Troade, le Caïque près de Pergame, l'Hermus près de Smyrne, et le Caystre qui passe auprès d'Ephèse, ont augmenté le terrain qu'ils avaient à parcourir; mais rien n'est aussi frappant qu'aux environs de Milet. Le Méandre charie tant de sable, qu'un golfe profond, situé entre la ville et le fleuve, n'est plus qu'un lac, et que les iles Ladé et Astérius, placées à l'entrée de ce golfe, ne sont plus que des tertres dans la plaine [a].

Près de Milet est le cap Trogilium, d'où Strabon compte [1] 1600 stades jusqu'au Sunium en Attique. On en mesure en droite ligne sur ma carte, environ 1480 [b].

Rhodes est placée à la hauteur observée par M. de Chazelles. Cette ville est [2] par 36 degrés 28 minutes 30 secondes de latitude [c]; et la figure que j'ai donnée à l'île est prise d'une ancienne carte [d], corrigée par les mesures de Strabon et d'autres. La latitude de la petite île de Casos est tirée de la carte réduite de l'Archipel, dressée au dépôt de la marine en 1738, sur laquelle cette île est marquée comme observée. Pour l'île de Crète, elle est réduite de la carte générale de l'île de Candie, donnée par Boschini [3], faute de mieux. Cette carte a été assujettie aux observations de longitude et de latitude faites par le P. Feuillée [4], à Candie et à la Canée [e], ainsi qu'aux distances données par les auteurs anciens et modernes. J'ai aussi été obligé d'en remonter toute la partie orientale vers le nord, parce qu'elle descendait trop au midi [f]. Le cap Samonium ne doit être qu'à 60 milles romains, ou 480 stades olympiques de l'île Carpathos, selon Pline [g]; et le Cadiscus, à 75 milles ou 600 stades du Malée dans le Péloponèse.

Il ne s'agit plus actuellement que de faire mention de quelques particularités qui n'ont pu trouver place dans le cours de cette analyse, et qu'il est pourtant essentiel de connaître.

Ces cartes étant dressées pour le temps de la Grèce libre, je me suis fait une loi de n'y point faire entrer les lieux dont la fondation ou l'existence sont postérieures à la bataille de Chéronée. On en trouvera cependant qui ne sont mentionnés que dans des auteurs plus récents; mais ils existaient beaucoup auparavant, ou du moins l'époque de leur fondation est inconnue [g]. J'ai placé sous leurs anciens noms, des villes qui ne devinrent célèbres que quelque temps après, sous de nouveaux noms. Telles sont Olbia et Ancoré en Bithynie, qui furent depuis appelées Nicomédie et Nicée; Sigie dans la Troade, qui fut bientôt Alexandria-Troas; Idrias

---

[a] J'ai dressé une petite carte des atterrissements du Méandre, qui se trouve dans le Voyage pittoresque de la Grèce, de M. de Choiseul-Gouffier (Pl. III.); et depuis j'ai donné un Mémoire à l'appui de cette carte, dans le Magasin-Encyclopédique. (2.e année, tom. 4, pag. 74 et suiv.)

[1] *Strab.* lib. 14, p. 636.

[b] Dans ma nouvelle *Carte générale de la Grèce avec ses Colonies*, la distance est un peu moindre; et cela vient de la nouvelle place que prend le cap Trogilium ou de Sainte-Marie.

[2] *Mém. de l'Acad. des sciences*, an. 1761, pag. 167.

[c] Cette latitude est trop forte d'environ deux minutes, car les Ephémérides de Desplaces ne la portent, d'après le même M. de Chazelles, et apparemment par un autre calcul, qu'à 36.° 26'; et cette dernière latitude est confirmée par l'observation de Niebuhr et par celle de M. de Chabert, comme je le dirai dans la suite de cette analyse.

[d] Cette carte est très-mauvaise; mais dans ma nouvelle *Carte générale*, cette île est figurée d'après une Carte très-détaillée, levée par un pilote français.

[3] *Boschini, il regno tutto di Candia.* Venet. 1651, in-fol.

[4] *Mém. de l'Acad. des sciences*, an. 1702, p. 10 et 11.

[e] Ces observations ont souffert du changement dans ma nouvelle Carte générale, du moins celle de la Canée, et j'en rendrai compte dans la suite de cette analyse.

[f] Cette partie orientale a encore été remontée plus au nord dans ma nouvelle Carte générale, et je me suis fondé sur une observation de latitude faite au sud de cette partie.

[5] *Plin.* lib. 4, cap. 12, t. 1, p. 210.

[g] J'ai eu le même soin pour la nouvelle *Carte générale de la Grèce avec ses Colonies.*

dans la Carie, qui fut nommée Stratonicée; Therme et Potidée dans la Macédoine, qui prirent les noms de Thessalonique et Cassandrie [a], etc. etc.

D'autres villes changèrent d'emplacement, sans changer de nom. Parmi celles-ci on distinguera Salamine, dans l'île de même nom, sur la côte de l'Attique; Sicyone, Orchomène et Hermione, dans le Peloponèse; Pharsale en Thessalie; Smyrne et Éphèse en Ionie [b]. Toutes ces villes sont dans leur ancien emplacement sur mes cartes. Celles de Cyzique dans la Propontide, et de Clazomènes dans l'Ionie, ne sont que des îles, parce qu'elles ne furent jointes au continent que quelque temps après. Enfin Olynthe en Macédoine, et d'autres villes encore [c], sont marquées comme détruites, parce qu'après avoir joué un grand rôle dans l'histoire de la Grèce, il convenait d'en montrer la position. La ville de Philippes sur les confins de la Macédoine et de la Thrace, venait de recevoir ce nom [d].

C'est encore pour l'époque de la bataille de Chéronée, qui se livra le 3 août de l'an 338 avant Jésus-Christ, que les divisions sont tracées sur ma Carte générale. Tout le continent de l'Asie appartenait alors au roi de Perse. Philippe, père d'Alexandre, possédait la Macédoine et les côtes de la Thrace, excepté la Chersonèse et les villes de Périnthe et de Byzance. Les îles de Thasos et d'Halonèse dépendaient encore de lui, et presque toute l'Illyrie lui était soumise. L'Epire était divisée entre plusieurs peuples, la plupart libres; un entre autres, les Molosses, était gouverné par un roi assez puissant, qui était allié, mais non tributaire de Philippe. Tout le reste était habité par des Grecs libres. Plusieurs îles, cependant, reconnaissaient la souveraineté de quelques républiques, comme les îles de Samos, Lemnos, Scyros, Imbros, et même la Chersonèse de Thrace, qui étaient dans une espèce de dépendance à l'égard de la république d'Athènes. Pour la partie de l'Asie que ma carte renferme, elle était divisée, à cette époque, en trois satrapies, dont relevaient quantité de petits tyrans établis par le roi de Perse dans les villes Grecques [e].

---

[a] A cela on peut ajouter Sesamus, dans la *Carte du Palus-Méotide et du Pont-Euxin*, qui fut depuis appelée Amastris; dans *celle de l'Etolie*, Conopé, qui fut appelée Arsinoé; dans celle des *côtes de l'Asie-mineure*, Hiéra-Comé dans la Lydie, qui fut depuis appelée Hiéro-Césarée; Athymbra près du Méandre, qui fut depuis appelée Nysa, et Bolbæ et Latmos, qui furent nommées Héraclée; et enfin dans la nouvelle *Carte générale de la Grèce avec ses Colonies*, dans l'Asie, les villes de Pélopia, Pythopolis, Diospolis sur le Méandre, Célènes et Mégalopolis, qui furent depuis nommées Thyatire, Antioche sur le Méandre, Laodicée sur le Méandre, Apamée sur le Méandre, et Aphrodisias; dans la Thrace, celle d'Orestias, qui fut depuis appelée Hadrianopolis; dans l'Illyrie, celle de Colchinium, qui s'appela simplement depuis Olchinium; dans l'Italie, celles de Posidonie depuis Pæstum, de Dicæarchie depuis Puteoli, d'Anxur depuis Terracine, d'Agylla depuis Cære, de Malévent depuis Bénévent, d'Argyrippa depuis Arpi, et enfin les contrées d'Iapygie et de Tyrrhénie, qui furent depuis appelées Apulie et Etrurie, etc. etc.

[b] A celles-ci il faut ajouter Cérasoute, dans le Pont-Euxin; Salapia, en Italie, etc. etc.

[c] Telles que Caulonia, en Italie, etc.

[d] Il en était de même de la ville de Philippopolis, dans l'intérieur de la Thrace, et de plusieurs autres sur les côtes de l'Italie et de la Sicile, qui venaient d'être fondées.

[e] Ma nouvelle *Carte générale de la Grèce avec ses Colonies* est également dressée pour l'époque de la Bataille de Chéronée, c'est-à-dire, pour l'an 338 avant l'ère chrétienne; mais, comme ses divisions diffèrent en quelques parties de celles de l'ancienne Carte générale, je vais rendre compte ici des divisions de cette nouvelle Carte.

Tout le continent de l'Asie appartenait au roi de Perse, et était divisé, comme je l'ai dit, en trois satrapies. Philippe, roi de Macédoine, possédait la Macédoine et toutes les côtes de la Thrace, à l'exception de la Chersonèse, et des villes de Périnthe et de Byzance : les rois de la Thrace intérieure étaient ses tributaires et vassaux, ainsi que ceux de l'Illyrie, au midi du Drilo; et il avait enlevé aux Athéniens les îles d'Imbros, de Lemnos, de Scyros et d'Halonèse. Les peuples au nord de la Macédoine, comme les Autariates, les Scordisques et les Triballes étaient libres, quoique Philippe leur eût fait la guerre; et les côtes de l'Illyrie, tant au nord qu'au midi du Drilo, étaient encore occupées par des Grecs libres. L'Epire, comme je l'ai dit, était divisée entre plusieurs peuples la plupart libres; un entre autres, les Molosses, était gouverné par un roi assez puissant et qui était allié de Philippe. Sur la côte était la ville d'Ambracie, habitée par des Grecs libres.

Presque toutes les côtes de l'Italie étaient également occupées par des Grecs libres, ce qui fit donner à la partie méridionale de cette contrée le nom de grande Grèce; mais ce nom est postérieur au Voyage du jeune Anacharsis. L'intérieur de l'Italie était habité par des nations la plupart d'origine celtique. La République Romaine était alors très-peu de choses, et les contrées de l'Iapygie, de la Tyrrhénie et de la Campanie étaient peuplées par des nations d'origine grecque, mais

Mes cartes particulières, au contraire, sont faites pour des époques toutes différentes. Elles sont dressées chacune pour l'année même dans laquelle le jeune Anacharsis parcourait les provinces qu'elles représentent. De là vient que dans celle de la Phocide, toutes les villes qui furent détruites après la guerre sacrée, y sont marquées comme existantes ; et que dans celle de l'Arcadie, toutes les villes dont les habitants allèrent peupler Mégalopolis, y sont marquées comme détruites.

Je n'ajouterai plus qu'un mot. Ce n'est point par erreur que j'ai écrit Péloponèse, Chersonèse, Proconèse, etc., par une seule *n*. En cela j'ai suivi l'usage, comme je j'ai fait dans les noms de Mégare, Platée, Abdère [a], et tant d'autres qui sont au pluriel dans le grec. C'est encore l'usage qui m'a fait écrire Chio, au lieu de Chios qui est le vrai nom ancien.

APRÈS AVOIR donné l'ancienne Analyse des Cartes, je vais indiquer les changements que j'ai faits à ces cartes dans cette nouvelle édition, et j'entrerai dans quelques détails sur les plans.

Le premier qui se présente est celui de la bataille de Marathon : il n'existait pas dans les anciennes éditions, mais il m'a paru trop intéressant pour ne le point donner dans celle-ci. Il est composé sur les relations de Spon et Wheler, et particulièrement sur les relèvements de ce dernier voyageur. J'ai profité de quelques cartes manuscrites de Fourmont qui se trouvent à la bibliothèque nationale, et j'ai tiré parti du voyage de Chandler. Le sommet du mont Pentélique est placé sur les relèvements que le C.[n] Foucherot en a faits d'Athènes, de Corinthe et d'autres endroits.

Pour les détails du combat, je me suis appuyé sur les témoignages d'Hérodote, de Plutarque, de Cornelius-Nepos, de Justin, et même de Valère-Maxime. Hérodote nous dit [1] que les deux armées étaient éloignées l'une de l'autre de huit stades (pythiques), lorsqu'elles se rangèrent en bataille ; l'armée des Perses était forte de cent mille hommes de pied, et de dix mille chevaux, selon Cornelius-Nepos [2] ; d'autres auteurs la font plus forte [3], mais il y a apparence qu'ils y comprennent tout ce qui était sorti de Perse pour cette expédition, et particulièrement ceux qui, pendant le combat, gardaient les prisonniers d'Érétrie et des autres villes de l'Eubée [4]. L'armée des Grecs était composée de dix mille Athéniens et de mille Platéens [5], ensorte que chaque Grec avait dix ennemis à tuer, comme le dit Cornelius-Nepos [6].

L'armée des Perses, étant très-nombreuse, offrait un très-grand front ; les Grecs, afin de n'être point tournés, voulurent en présenter un aussi étendu, au rapport d'Hérodote [7], et, pour cet effet, ils affaiblirent leur centre, sans diminuer leurs ailes. Ce sont ces dispositions que j'ai voulu représenter dans un tableau particulier qui se

---

qui, étant venues dans ce pays dans des temps très-reculés, n'étaient plus regardées comme grecques par les nouvelles colonies que les Grecs y avaient envoyées. La Sicile était toute peuplée de Grecs ; mais à l'époque de la bataille de Chéronée, une partie était asservie par les Carthaginois, et l'autre était occupée par quantité de petites républiques dont plusieurs avaient leurs tyrans particuliers.

J'ai indiqué par une seule couleur, tout ce qui était Grec libre à l'époque de la Bataille de Chéronée, tant les Métropoles que les Colonies ; mais je n'ai compris parmi ces dernières que les villes fondées depuis l'entrée des Héraclides dans le Péloponèse.

[a] Syracuse, etc. etc.
[1] *Hérodot.* lib. 6, cap. 112.
[2] *Cornel. Nep. in Miltiad.*
[3] *Pseudo-Plutarch. Parall.* tom. 2, p. 305 ; *Valer. Maxim.* lib. 5, cap. 3 ; *Justin.* lib. 2, cap. 9.
[4] *Herodot.* ibid. cap. 107.
[5] *Justin.* ibid.
[6] *Cornel. Nep.* ibid.
[7] *Herodot.* ibid. cap. 111.

d 2

trouve sur ce Plan. Les tribus des Athéniens étaient rangées, selon le même Hérodote [1], chacune dans son rang et sans intervalles entre elles, et les Platéens étaient à la gauche de l'armée. On voit par les détails du combat que la tribu Aïantide occupait l'aîle droite [2]; mais quel était le rang des autres tribus ? c'est ce qu'il est difficile de décider. Hérodote nous dit cependant [3] que le centre de l'armée des Perses enfonça celui des Athéniens, parce qu'il était très-faible; et nous savons par Plutarque [4] que Thémistocle et Aristide qui commandaient chacun leur tribu, à cette bataille, occupaient ce centre : Thémistocle commandait la tribu Léontide, et Aristide l'Antiochide [5]. Ces deux tribus doivent donc être placées au centre de l'armée ? Néanmoins si l'on suit l'ordre des tribus d'Athènes, indiqué par les marbres de Spon et Chandler [6], ces tribus ne se trouveront point au centre, mais bien aux ailes de l'armée; j'ai donc été obligé d'abandonner ces marbres, mais j'ai eu la satisfaction de rencontrer le vrai ordre des tribus d'Athènes, au temps de la bataille de Marathon, dans le marbre de Choiseul que Barthélemy a expliqué [7]. En mettant la tribu Aïantide à la droite de l'armée, les tribus Léontide et Antiochide, suivant le rang qu'elles occupent dans ce marbre, se placent naturellement au centre, et, en conséquence, c'est de ce marbre que j'ai pris la disposition de toutes les tribus.

L'armée des Grecs s'était rangée en bataille sur la pente de la montagne, et dans un endroit qui était couvert d'arbres, au rapport de Cornélius-Nepos [8], parce qu'elle craignait la cavalerie; celle des Perses, au contraire, était dans la plaine [9] : mais je ne crois pas qu'elle fût rangée très-régulièrement, car les peuples de l'orient se battaient, en général, en désordre, à peu près comme le font encore aujourd'hui les Turcs, autrement on conçoit difficilement qu'une armée aussi nombreuse eût pu être détruite par celle des Grecs. Je ne lui ai donné la forme carrée, qu'afin que l'on pût en comparer le front avec celui des Grecs. J'ai divisé en deux le corps de cavalerie qui accompagnait cette armée, pour le placer sur les deux ailes. J'avais envie de placer les vaisseaux des Perses à terre, comme cela se pratiquait encore à l'époque de la bataille de Marathon [10], mais j'ai craint qu'on n'entendît pas ce que j'aurais voulu exprimer, c'est pourquoi je me suis déterminé à les mettre en mer.

J'ai placé, dans ce plan, une montagne et une grotte de Pan, dont les dénominations sont postérieures à l'époque de la bataille de Marathon, car ce ne fut qu'à l'occasion du prétendu secours que ce dieu porta aux Athéniens dans cette bataille, que l'on établit son culte dans l'Attique [11]; mais comme ce fait est de très-peu de temps postérieur à la bataille, et que d'ailleurs il y est relatif, j'ai cru pouvoir en enrichir ce Plan.

Le second Plan est celui du passage des Thermopyles. Il est dressé sur un plan particulier de ce détroit, que le C.ⁿ Foucherot a levé au pas en 1781, avec quelques relèvements; et la côte de la Paralie est figurée d'après un autre plan manuscrit de

---

[1] *Hérodot.* lib. 6, cap. 111.
[2] *Id.* ibid. *Plutarch. Sympos.* lib. 1, quest. 10, tom. 2, p. 628.
[3] *Hérodot.* ibid. cap. 113.
[4] *Plutarch. in Aristid.* t. 1, p. 321.
[5] *Id.* ibid.
[6] *Spon, Voyag.* t. 2, p. 288 et suiv. *Chandler, Inscript. Antiq.* p. 40 et 70.
[7] *Barthél. Dissert. sur une Inscript. grecque,* p. 68 et suiv.
[8] *Cornel. Nep. in Miltiad.*
[9] *Justin.* lib. 2, cap. 9.
[10] *Hérodot.* ibid. cap. 107.
[11] *Id.* ibid. cap. 105.

M. Stuart, qui parvint de ce côté aux Thermopyles. Le terrain aux environs de ce défilé, comme je l'ai dit, est presque méconnaissable aujourd'hui. Le Sperchius ne coule plus dans le même lit qu'autrefois; ce fleuve vient se jeter à la mer près des Thermopyles mêmes, en recueillant les eaux de toutes les petites rivières que j'ai marquées entre deux; les marais qui existaient du temps de Xerxès, sont actuellement terre ferme, et les détroits sont en général beaucoup plus larges qu'autrefois. Il n'existe plus de défilé que le long du Boagrius, aux environs de l'endroit où j'ai placé la ville de Thronium.

Je n'ai point marqué de troupes sur ce plan, parce que tous les combats s'étant donnés sur la chaussée dans les défilés, il n'était pas possible d'en indiquer l'ordre. Il suffit de savoir que Xerxès campait avec toute son armée dans la plaine de Trachis [1], et les Grecs auprès du bourg d'Anthela [2]. J'ai ajouté sur ce plan le tombeau de Déjanire, celui du héros Phœnix, un autel d'Hercule et d'autres objets semblables, parce qu'ils m'ont paru devoir intéresser pour l'histoire de ce pays. J'ai également ouvert un passage dans les montagnes, à l'endroit d'où sort le fleuve Dyras, parce qu'il paraît qu'il y avait là un défilé qui donnait entrée dans la Phocide. Dans cette gorge, au plus haut de la montagne, on montrait le bûcher d'Hercule, que l'on appelait Pyra [3]; et l'on disait que le fleuve Dyras était sorti de terre pour secourir ce demi-dieu, au moment où il se brûlait [4].

Le troisième Plan est celui du combat de Salamine. Il est réduit d'après un plan levé géométriquement sur les lieux en 1781, par le C.ⁿ Foucherot. J'y ai fait peu de changements dans cette nouvelle édition; cependant on y trouvera de plus le bourg de Thria, qui donnait son nom à la plaine qui est au nord d'Eleusis, et j'y ai ajouté les noms de Céos, dans l'Attique, et du promontoire Cynosure, ou Queue de Chien, dans l'île de Salamine, lieux entre lesquels se livra le combat [5]. J'ai également placé ici, sur le cap Cynosure, un trophée qui ne fut élevé qu'après la bataille, mais dont cependant il existe encore aujourd'hui des ruines [6]. Dans ce Plan, la ville d'Athènes n'occupe qu'une très-petite partie du terrain qu'elle couvrit par la suite; mais mon objet était de représenter seulement cette ville pour l'époque de la bataille, et au moment où elle fut brûlée par les Perses. Thucydide nous dit [7] qu'elle ne comprenait alors que la partie qui était au midi de la citadelle. Dans la suite on la fit beaucoup plus grande, et on y renferma les villages de Diomeïa, Mélite, Collytos et d'autres. A cette même époque, le Pirée n'était pas non plus le port d'Athènes; c'était celui de Phalère dont on se servait [8], et les Longs murs n'étaient pas encore bâtis.

Pour les détails du combat j'ai suivi les récits d'Hérodote, de Diodore de Sicile, de Plutarque, d'Eschyle qui y avait assisté, et qui s'y était conduit d'une manière distinguée. La flotte des Grecs était forte de trois cent quatre-vingts vaisseaux [9], et celle des Perses de douze cent sept [10]. Ces derniers commencèrent par envoyer une

---

[1] *Herodot.* lib. 7, cap. 201.
[2] *Id.* ibid. et cap. 225.
[3] *Liv.* lib. 36, cap. 30.
[4] *Herodot.* ibid. cap. 198. *Strab.* lib. 9, p. 428.
[5] *Herodot.* lib. 8, cap. 76.

[6] *Stuart, the Antiquities of Athens*, tom. 1, préface, p. ix.
[7] *Thucyd.* lib. 2, cap. 15.
[8] *Pausan.* lib. 1, cap. 1, p. 3.
[9] *Herodot.* ibid. cap. 82. *Plutarch. in Themist.* tom. 1, p. 119.
[10] *Herodot.* lib. 7, cap. 184, et lib. 8, cap. 66. *Æschyl. ap. Plutarch.* ib.

partie de leurs vaisseaux occuper le détroit qui sépare l'île de Salamine de la Mégaride, de peur que les Grecs ne s'échappassent de ce côté[1], et il y a apparence que
dans la même intention ils en répandirent quelques-uns autour de l'île, c'est pourquoi j'en ai jeté plusieurs çà et là. Pendant ce temps-là, le reste de la flotte des
Perses attaquait les Grecs dans le détroit qui sépare l'Attique de Salamine[2]. D'abord
cette flotte marcha avec beaucoup d'ordre, et elle était divisée en plusieurs rangs[3];
mais, lorsque les vaisseaux des Grecs vinrent à sa rencontre, les siens s'embarras-
sèrent les uns dans les autres, le désordre se mit dans ses rangs, elle fut vaincue et
en partie coulée à fond[4].

Les deux flottes occupent peut-être plus de place sur mon plan, qu'elles n'en
occupaient sur le lieu même; mais la petitesse de l'échelle m'a forcé de faire les
vaisseaux beaucoup plus forts qu'ils n'étaient, et par conséquent de les étendre bien
davantage. Je pense que la flotte des Grecs était disposée sur deux ou trois rangs au
plus. J'ai dispersé plusieurs petits corps de troupes grecques dans l'île de Salamine,
parce que les côtes de cette île étaient gardées par des soldats pesamment armés[5].
Le trône de Xerxès était sur le mont Egalée; j'ai placé auprès de ce prince une bonne
partie de son armée, parce qu'il paraît qu'il avait beaucoup de monde autour de
lui[6], et qu'en effet, sans cela, il aurait été exposé aux insultes des Grecs. J'ai aussi
mis quelques troupes près d'Eleusis et d'autres sur la route, parce que dans la nuit
d'avant le combat, elles avaient eu ordre de marcher vers le Péloponèse[7].

Le quatrième Plan est celui de la bataille de Platée. Quoique je n'aie pas eu
plus de renseignements sur le pays que représente ce plan, que dans les premières
éditions du Voyage du jeune Anacharsis, il est pourtant très-différent de celui que
j'avais donné. Ce plan est orienté de manière à pouvoir s'accorder avec la carte de
la Béotie, dont il est en quelque façon un développement; et le terrain dans lequel se sont passées les différentes actions, est beaucoup plus resserré, d'après un
examen plus approfondi des mesures d'Hérodote. J'ai déja fait voir dans mon ancienne analyse, que les mesures qu'Hérodote donne aux environs des Thermopyles, sont toutes en stades pythiques, ou plus courts d'un cinquième que les stades
olympiques. Je pourrais, par de nouvelles applications, confirmer cette évaluation
des stades d'Hérodote; mais cet auteur nous donne lui-même le moyen de vérifier
son stade, par la comparaison qu'il en fait avec une autre mesure. Il nous dit, en
plusieurs endroits[8], que trente stades font une parasange persane; et comme Xénophon donne[9] le même nombre de stades pour l'évaluation de la parasange, il
s'ensuit que ces deux auteurs se servent de la même espèce de stade. Or, M. d'Anville, en comparant une partie de la marche de Cyrus le jeune, décrite par Xénophon, avec les itinéraires romains, trouve[10] que la parasange répond à trois
milles romains justes : c'est donc dix stades pour un mille romain, et par conséquent
ces stades sont plus courts d'un cinquième que les stades olympiques, dont huit
seulement sont contenus dans le mille.

---

[1] *Diod. Sic.* lib. 11, p. 14.
[2] *Herodot.* lib. 8, cap. 96. *Diod. Sic.* ibid.
[3] *Æschyl. in Pers.* v. 366. *Diod.* ibid. et p. 15.
[4] *Herodot.* ibid. cap. 86.
[5] *Id.* ibid. cap. 95.
[6] *Id.* ibid. cap. 90.
[7] *Id.* ibid. cap. 91.
[8] *Id.* lib. 2, cap. 6; lib. 5, cap. 53; lib. 6, cap. 42.
[9] *Xenoph. Exped. Cyr.* lib. 2, cap. 2.
[10] *D'Anville, Traité des mes. itin.* p. 78 et 79.

J'avais d'abord dressé le plan de la bataille de Platée, en évaluant les mesures d'Hérodote sur le pied du stade olympique ; mais, dans cette nouvelle édition, je les ai prises sur le pied du stade pythique ; et par ce moyen le lieu des combats s'est trouvé beaucoup plus resserré, et le camp de Mardonius beaucoup plus petit[1], ce qui rend les faits plus probables.

Pour les circonstances de la bataille, je les ai étudiées, comme j'ai dit, avec M. de la Luzerne, et ses avis m'ont été fort utiles. Afin de rendre ce plan aussi intéressant qu'il pouvait l'être, j'y ai tracé les trois positions principales que les Grecs occupèrent successivement dans ce combat. Je ne décrirai pas tous les mouvemens des deux armées, on les lira avec bien plus d'intérêt dans l'ouvrage même d'Anacharsis. Il me suffira de dire que dans la première position auprès d'Erythres, les Mégariens étant attaqués particulièrement par la cavalerie de Mardonius[2], il y a apparence qu'ils étaient plus exposés que les autres Grecs, et qu'ils campaient dans la plaine à l'aile droite. Dans la deuxième position, l'armée des Grecs était tellement disposée, qu'une partie se trouvait sur des collines et l'autre dans la plaine ; l'aile droite était appuyée à la fontaine de Gargaphie, et la gauche était protégée par un monument autour duquel se trouvait un petit bois[3]. Hérodote remarque encore que cette aile gauche était plus près de l'Asope, que de la fontaine de Gargaphie ; mais qu'elle ne pouvait y aller puiser de l'eau, parce que les troupes de Mardonius, qui étaient de l'autre côté du fleuve, l'en empêchaient[4]. Dans la troisième position, les Grecs se divisèrent en trois corps ; ceux du centre de l'armée allèrent se placer près du temple de Junon Cithéronienne, sous les murs de Platée[5] ; les Lacédémoniens, avec les Tégéates qui ne les avaient point quittés, n'étaient qu'à dix stades de la fontaine de Gargaphie[6] lorsqu'ils combattirent les Perses ; et les Athéniens, instruits du danger que couraient les Lacédémoniens, revenaient déja sur leurs pas pour leur porter du secours[7], lorsqu'ils se virent forcés de combattre eux-mêmes les Grecs alliés de Mardonius. Pour connaître le nombre des combattans des deux armées, il faut consulter l'ouvrage même d'Anacharsis.

La position que prirent les Lacédémoniens pour combattre les Perses, est à remarquer ; il paraît qu'ils se mirent à dos un ravin assez profond[8], mais qui peut-être n'avait pas d'eau. Cependant cette manœuvre serait fort désavantageuse dans notre tactique actuelle ; mais M. de la Luzerne me fit observer que les Grecs en firent une semblable à la bataille de Cunaxa, où, voulant résister à une grande partie des forces d'Artaxerxès réunies, ils se mirent l'Euphrate à dos[9]. Peut-être les Grecs, en employant cette manœuvre, avaient-ils pour but de couvrir leurs derrières qui étaient sans défense, en même temps qu'ils s'ôtaient tout moyen de fuir. Dans ce combat, Hérodote remarque[10] que les barbares de l'armée de Mardonius, c'est-à-dire, les Saces, les Indiens et les Bactriens, se jetèrent sur les Grecs confusément et sans garder de rang, et que les Perses eux-mêmes en firent autant sur la fin

---

[1] *Herodot.* lib. 9, cap. 15. *Plutarch. in Aristid.* t. 1, p. 325.
[2] *Herodot.* ibid. cap. 19 et 21. *Plutarch.* ibid.
[3] *Herodot.* ibid. cap. 25. *Plutarch.* ibid.
[4] *Herodot.* ibid. cap. 48.
[5] *Id.* ibid. cap. 51. *Plutarch.* ibid. p. 328.
[6] *Herodot.* ibid. cap. 55 et 56.
[7] *Id.* ibid. cap. 60.
[8] *Id.* ibid. cap. 56.
[9] *Xenoph. Exped. Cyr.* lib. 1, cap. 10.
[10] *Herodot.* ibid. cap. 58 et 61.

de l'action ; ce qui confirme ce que j'ai dit au sujet de la bataille de Marathon. Pour le moment du choc, j'ai placé un peu en arrière le corps de quarante mille hommes que commandait Artabaze, et qui était celui des Mèdes, parce qu'il ne combattit point, et qu'il fut le seul qui se sauva de la bataille [1]. J'ai aussi placé la cavalerie de Mardonius sur la hauteur, comme pour protéger la fuite des Perses [2].

Dans une lettre en date du 14 ventôse an 6.e, le C.n Fauvel me marque quelques détails sur les environs de Platée, qui paraissent différer un peu de ceux de mon plan ; mais, comme il ne les a point accompagnés d'un dessin, il m'a été impossible d'en faire usage.

Après les quatre Plans de Batailles, qui sont tous dressés pour le temps dans lequel ces batailles ont eu lieu, vient la carte du Palus-Méotide et du Pont-Euxin, qui est la première de détail du voyage. Cette carte est entièrement refaite pour cette nouvelle édition ; elle était fautive auparavant, parce que ce fut la première carte que je dressai pour cet ouvrage, et que je la composai dans un âge encore fort tendre ; néanmoins elle avait l'avantage d'être en partie réduite d'après les cartes de M. d'Anville.

La projection de cette nouvelle carte est dressée comme celle des cartes générales. La diminution des degrés de longitude en est prise de la table de Schulze [3] ; l'intervalle des méridiens a été calculé et tracé sur les tangentes des parallèles 42 et 46, et la courbure de ces mêmes parallèles a été conclue, sur chaque méridien, de la différence de la sécante au rayon. La partie du nord de cette carte, depuis les Cercètes en Asie, jusqu'à Istropolis en Europe, est réduite d'une grande carte du théâtre de la guerre entre les Russes, les Autrichiens et les Turcs, en langue russe, qui a été publiée à Saint-Pétersbourg en 1788, et qui, pour les parties de l'empire russe, n'est elle-même que la réduction du dernier Atlas Russe, en langue russe, publié par l'académie de Saint-Pétersbourg. Cet Atlas russe est d'accord avec presque toutes les longitudes et latitudes indiquées dans l'empire de Russie, par les Connaissances des Temps pour les années 1789 et suivantes. La partie méridionale, depuis le Bosphore de Thrace jusqu'à Trébisonde, est réduite de la carte manuscrite du C.n Beauchamp, que le C.n Lalande a eu la bonté de me communiquer ; le golfe d'Apollonie, sur la côte de Thrace, est également réduit d'un grand plan de ce golfe, levé en 1786 par Duverne, officier de la marine française, qui y a observé la latitude à 42.° 22′ ; plusieurs autres points, sur cette même côte, sont aussi déterminés en latitude, d'après les observations d'un pilote russe, que m'a communiquées le C.n Dehauterive ; et la côte orientale depuis Trébisonde jusqu'aux Cercètes, est assujettie aux distances prises des anciens périples, combinées avec la longitude du fort de Mosdok dans le Caucase, telle que je l'ai employée précédemment dans une carte des pays situés entre la Mer-Noire et la Mer-Caspienne [4].

A l'époque du Voyage du jeune Anacharsis, la Scythie s'étendait encore, comme du temps d'Hérodote, depuis l'Ister ou le Danube, jusqu'au Tanaïs ou Don [5]. Les

---

[1] *Herodot.* lib. 9, cap. 65.
[2] *Id.* ibid. cap. 67.
[3] *Lalande,* Astronomie, t. 4, p. 770 et suiv.

[4] *Mém. hist. et géogr. sur les pays situés entre la Mer-Caspienne et la Mer-Noire,* p. 144, in-4.° Paris, an 5.e
[5] *Herodot.* lib. 4, cap. 21 et 101 ; *Justin.* lib. 9, cap. 2.

Gètes ne formaient alors qu'un petit peuple au midi de l'Ister [1], mais bientôt ils devinrent très-puissants [2]. La Thrace s'étendait depuis la mer Egée jusqu'à l'Ister [3]. J'ai placé l'île Leucé ou d'Achille, sur les distances que Strabon et Pline indiquent [4] à l'égard du Borysthènes, du Tyras, et même des embouchures de l'Ister ; mais comme Arrien, qui a navigué le long des côtes du Pont-Euxin, ne l'a point vue [5], et qu'elle n'est marquée dans aucune des cartes modernes, j'ai cru devoir ajouter à son nom, *que son existence est douteuse.* On racontait de cette île qu'elle était deserte, et qu'on y voyait un temple dédié à Achille, qui était très-riche, et dans lequel ce héros rendait des oracles : puis on ajoutait que ce temple n'était point desservi par des hommes, mais par des oiseaux de mer [6]. Dans l'Asie, j'ai placé la ville de Cérasonte beaucoup plus près de Trébisonde que ne le font les cartes précédentes, parce qu'il m'a paru que cette ville avait changé d'emplacement depuis l'époque du Voyage d'Anacharsis. Xénophon ne compte [7] que trois marches d'armée ou journées, entre Trébisonde et Cérasonte, et cette distance ne peut s'accorder avec celle que marquent [8] le Périple d'Arrien et le Périple anonyme du Pont-Euxin, entre Trébisonde et Cerasus qui fut depuis appelée Pharnacia. Mais je retrouve, dans ce même Périple anonyme, une autre ville de Cérasus, qu'il n'indique [9] qu'à deux cents quarante stades de Trébisonde, et que l'on avait cru jusqu'à cette heure être un double emploi, mais qui convient parfaitement aux marches de Xénophon. J'ai été également obligé de diminuer la longueur du promontoire Syrias auprès de Sinope, aujourd'hui le cap Indgè, suivant la carte du C.ⁿ Beauchamp, quoique cette carte le fasse beaucoup plus septentrional que le Carambis, parce que, selon tous les Périples [10], il n'était qu'à cent stades de la ville de Sinope, que le C.ⁿ Beauchamp a observée lui-même en longitude et en latitude [11].

L'effet de la réduction de la carte du C.ⁿ Beauchamp, a été de resserrer le Pont-Euxin, dans le sens de la latitude, beaucoup plus qu'il ne l'était dans les cartes précédentes ; et par conséquent toutes les mesures données par les auteurs anciens, de la Chersonèse Taurique au Carambis et à l'Halys [12], se trouvent fausses : mais ce que dit Strabon [13], que lorsque l'on était à moitié chemin des deux promontoires Carambis et Criumetopon, on voyait en même temps ces deux caps, devient aussi beaucoup plus probable.

Le plan du Bosphore de Thrace qui suit immédiatement, a été dressé, comme je l'ai dit dans une note, sur celui du canal de Constantinople, que le C. Kauffer a levé sur les lieux en 1776, par ordre de M. de Choiseul-Gouffier. Ce plan est très-détaillé, et m'a fourni la figure des montagnes des deux côtés du Détroit ; seulement j'ai changé dans cette nouvelle édition toute la partie qui avoisine la Mer-Noire ou le Pont-Euxin, à prendre de la petite ville appelée Hieron ou le Temple, parce qu'elle

---

[1] *Herodot.* lib. 4, cap. 93.
[2] *Arrian. Exped. Alex.* lib. 1, p. 8.
[3] *Herodot.* ibid. cap. 99 et 144.
[4] *Strab.* lib. 7, p. 306. *Plin.* lib. 4, cap. 12, t. 1, p. 217; cap. 13, p. 220.
[5] *Arrian. Peripl. Pont. Eux.* p. 23, *ap. Geogr. min. Græc.* t. 1.
[6] *Id.* ibid. p. 21 et seqq.
[7] *Xenoph. Exped. Cyr.* lib. 5, cap. 3.
[8] *Arrian.* ibid. p. 17. *Anonym. Descript. Pont. Eux.* p. 12 et 13, *ap. Geogr. min. Græc.* t. 3.
[9] *Anonym.* ibid. p. 13.
[10] *Arrian.* ibid. p. 15. *Marcian. Heracl. Peripl.* pag. 72, *ap. Geogr. min. Græc.* t. 1. *Anonym.* ibid. pag. 7.
[11] *Connaissance des Temps pour l'an 8.ᵉ* p. 213.
[12] *Strab.* ibid. p. 309. *Agathem.* lib. 1, cap. 4, p. 12, et lib. 2, cap. 14, p. 55, *ap. Geogr. min. Græc.* t. 2. *Plin.* ibid. cap. 12, tom. 1, p. 218; lib. 6, cap. 2, p. 301.
[13] *Strab.* ibid.

e

n'avait pas été levée avec autant de soin que le reste. Cette partie a été refaite d'après différents plans manuscrits, dont je dois la communication à l'amitié du général Abancourt, adjoint au Directeur du Dépôt de la guerre, et qui ont été levés par cet ingénieur, ou sous ses ordres, dans le voyage qu'il fit à Constantinople en 1787, avec le C.ⁿ Lafitte Clavé.

Tous les détails de la géographie ancienne qui se trouvent sur ce plan, sont pris de la Description du Bosphore de Thrace, de Denys de Byzance [1], en en écartant tout ce qui m'a paru postérieur à l'époque du Voyage du jeune Anacharsis. Petrus Gyllius, dans son ouvrage intitulé *de Bosporo Thracio* [2], a rassemblé tout ce que les auteurs anciens ont dit sur ce Détroit, et c'est à lui que nous devons la conservation de l'ouvrage de Denys de Byzance, du moins par extraits, car l'original grec est aujourd'hui perdu. Cet ouvrage de Petrus Gyllius est un des meilleurs qui aient été faits dans ce genre ; l'auteur y compare continuellement ce que les auteurs anciens rapportent, avec le terrain qu'il avait visité lui-même le plus scrupuleusement possible, et il serait à desirer que nous eussions sur bien d'autres pays des ouvrages semblables.

On peut remarquer dans ce plan, la montagne sur laquelle est écrit *Lit d'Hercule*. Cette montagne porte encore actuellement le nom de Montagne du Géant, et sur son sommet on voit une fosse quarrée, assez considérable, que les gens du pays appellent la fosse du Géant, et qui est vraisemblablement ce que les anciens désignaient sous le nom de Lit d'Hercule [3]. Hérodote ne donne [4] que quatre stades pour la largeur du Bosphore de Thrace, dans son plus étroit, à l'endroit où Darius jeta un Pont ; et cette mesure est répétée, sans doute d'après lui, par Strabon [5] et par Pline [6], mais elle n'en est pas moins fautive. On sait qu'Hérodote se sert du stade pythique ; or, quatre de ces stades ne rempliraient qu'un peu plus de la moitié de la largeur du canal, suivant la carte. Nous verrons par la suite, qu'Hérodote n'est pas plus exact pour la largeur de l'Hellespont. C'est dans Polybe que l'on trouve la mesure juste de la largeur du Bosphore de Thrace : il l'indique [7] de cinq stades, qui sont des stades olympiques ; et cette mesure est confirmée par Pomponius Mela [8], et par Strabon lui-même [9], dans un autre endroit que celui que nous avons cité. Agathémère même la fait [10] de six stades. D'après la description de Denys de Byzance [11], j'ai tracé plusieurs petits golfes entre les collines qui, depuis, ont été renfermées dans l'enceinte de Constantinople ; et l'on ne peut douter de l'existence de ces golfes, lorsque l'on saura que quelques parties de cette grande ville ont été bâties sur pilotis [12]. Dans le plan particulier que j'ai donné de la ville de Byzance, il est bon de remarquer que l'enceinte actuelle du sérail m'a paru répondre assez bien à celle de cette ville, sinon qu'elle comprenait de plus l'emplacement de Sainte

---

[1] *Excerpta ex Dionys. Byzant. Anaplo Bospori Thracii, ap. Geogr. min. Græc.* tom. 3.

[2] La meilleure édition de cet ouvrage est celle qui se trouve dans le premier volume de l'*Imperium orientale*, du P. Banduri, p. 249 et suiv.

[3] *Excerpt. ex Dionys. Byzant.* ibid. p. 20.

[4] *Herodot.* lib. 4, cap. 85.

[5] *Strab.* lib. 2, p. 125.

[6] *Plin.* lib. 4, cap. 12, t. 1, p. 215 ; lib. 5, cap. 32, p. 291.

[7] *Polyb. Hist.* lib. 4, p. 311.

[8] *Pomp. Mela*, lib. 1, cap. 19.

[9] *Strab.* lib. 7, p. 319.

[10] *Agathem. de Geogr.* lib. 1, cap. 3, pag. 8 ; *ap. Geogr. min. Græc.* tom. 2.

[11] *Excerpt. Dionys. Byzant.* ibid. p. 3.

[12] *Petrus Gyllius, de Topographia Constantinopoleos*, lib. 3, cap. 9 ; *ap. Imperium orientale*, t. 1, p. 406 et 407.

Sophie. Byzance, au rapport de Pausanias [1], était une des villes les mieux fortifiées de l'antiquité.

Le plan de l'Hellespont, de la Chersonèse de Thrace et d'une grande partie de la Troade, a été dressé particulièrement d'après les cartes que le général Truguet a eu la bonté de me communiquer. Ces cartes m'ont donné toutes les côtes avec un degré d'exactitude que peut-être celles de France n'ont point; et comme on a relevé en même temps plusieurs pics dans l'intérieur des terres, j'ai eu le moyen de placer les montagnes d'une manière assez sûre. Le plus haut sommet de l'Ida, le mont Gargara, a été observé par le général Truguet lui-même, à 775 toises (1510 mètres) au dessus du niveau de la mer. La vallée du Scamandre est réduite de plusieurs cartes que M. de Choiseul-Gouffier a fait lever dans le pays, et qu'il a eu la bonté de me communiquer ; une grande partie de la vallée du Granique se trouve dans les cartes du général Truguet; et pour les rivières de l'intérieur du pays, j'ai eu des renseignements très-sûrs d'un de mes amis, le C.ⁿ Martin, consul de la République Française aux Dardanelles. En général, ce plan est très-différent de celui des anciennes éditions.

Je ne finirais pas si je voulais entrer dans le détail de tous les travaux que ce plan m'a occasionnés ; il suffira de dire que tous les points en sont examinés avec le plus grand soin, et que je n'ai rien épargné pour le rendre exact. J'ai beaucoup profité, pour la Troade, de l'ouvrage du C.ⁿ Chevalier [2], ainsi que de celui de M. de Choiseul-Gouffier, intitulé *Matériaux pour servir au 13.ᵉ chapitre du Voyage pittoresque de la Grèce*, qu'il a eu la complaisance de nous faire communiquer, à Barthélemy et à moi; mais je ne puis être de leur avis sur la position qu'ils assignent tous deux [3] à l'Ilium récens, qui est celle qui existait du temps du Voyage du jeune Anacharsis. Je crois que cette ville était dans le même emplacement que l'ancienne Ilium, comme le soutenaient les habitants [4]; et, d'après la description que Strabon nous fait de l'Ilium de son temps, qui était située sur une hauteur, adossée à une montagne et proche d'un défilé [5], il me semble qu'il n'y a que le sol de la colline de Bounar-bachi qui puisse lui convenir. Je reconnais, dans le Kirkekenzler, avec M. de Choiseul et le C.ⁿ Chevalier [6], le Scamandre d'Homère ; mais je crois en même temps, qu'après que cette contrée eut été dévastée par les Grecs, lorsqu'elle se repeupla, les nouveaux venus appliquèrent mal adroitement le nom de Scamandre au Simoïs d'Homère, et que de là viennent quantité d'erreurs qui se sont opposées jusqu'à cette heure à la reconnaissance du terrain. Il est certain que du temps de Démétrius de Scepsis, c'est-à-dire, peu après Alexandre le grand, on appelait Scamandre la rivière qui prend sa source dans le mont Cotylus, presque à côté de celles du Granique et de l'Esèpe [7], et le nom de Mendéré-sou, que porte encore cette rivière, en est une preuve. On ne doit donc pas s'étonner si mon plan

---

[1] *Pausan.* lib. 4 , cap. 31 , p. 357.

[2] *Description of the Plain of Troy, etc. by M. Chevalier, translated from the original not yet published by Andrew Dalzel, Edinburgh,* 1791 , in-4.ᵉ

[3] *Choiseul-Gouffier, Mater. pour le 13.ᵉ chap. du Voyage pittor. de la Grèce,* p. 23; *Chevalier, Description of the Plain of Troy,* chap. 16, p. 112.

[4] *Strab.* lib. 13, p. 593, 600 et 602.

[5] *Id.* ibid. p. 597 et 599.

[6] *Choiseul-Gouffier,* ibid. p. 46. *Chevalier,* ibid. chap. 11, p. 82 et suiv.

[7] *Strab.* ibid. p. 602.

ne convient point aux détails de la guerre de Troie; obligé de le dresser pour le temps où Anacharsis mettait le pied dans la Troade, j'ai dû appliquer les noms aussi bizarrement qu'ils l'étaient à cette époque; et si je dressais un plan pour Homère, je me renfermerais dans la plaine du bord de la mer.

J'ai dit qu'Hérodote s'était trompé dans la mesure de l'endroit le plus étroit de l'Hellespont, comme il l'avait fait pour le Bosphore de Thrace. Il ne compte[1] que sept stades de distance entre les deux rivages d'Abydos et de Sestos; et cette mesure est répétée, sans doute d'après lui, dans Strabon, Pline et Agathémère[2]. M. d'Anville dans sa description de l'Hellespont, en comparant cette mesure avec celle que donne la carte de la mer de Marmara de Bohn, après en avoir corrigé l'échelle, et trouvant que cet espace y est beaucoup plus étroit qu'il ne convient, et à la longueur des stades olympiques, et même à celle des stades pythiques, il en conclut que ceux dont se sert Hérodote, en cet endroit, sont des stades de la plus petite espèce, ou de 51 toises (environ 99 mètres)[3]; mais toutes ces évaluations sont fausses, et il paraît que la carte de Bohn est très-inexacte dans ce canton. Celle du C.[n] Truguet, au contraire, fait ce détroit beaucoup plus large que ne le comporte même la longueur des stades olympiques. Elle ne donne pas lieu, comme on peut le vérifier par l'échelle, de compter moins de douze stades olympiques d'un rivage à l'autre; et quoique cette mesure m'ait paru bien forte, néanmoins je n'ai rien osé changer à cette carte, comme ayant été levée géométriquement. J'ai marqué deux ponts de Xerxès sur ce plan, parce qu'en effet ce prince en construisit deux, l'un pour ses troupes, et l'autre pour ses bêtes de charge[4].

Le plan des environs d'Athènes qui vient ensuite, a été dressé, comme je l'ai dit dans une note, sur un plan très-détaillé, levé sur les lieux en 1781, par le C.[n] Foucherot. Ce plan a été mis plus en grand dans cette édition que dans les précédentes. J'y ai réduit les plans d'Athènes et de l'Académie dont il sera question tout à l'heure, et les longs murs y sont tracés d'après les ruines que le C.[n] Foucherot en a trouvées sur les lieux. Par les vestiges du long mur boréal, que le C.[n] Foucherot à rencontrés, il paraît que ce mur était dirigé sur le temple de Minerve dans la citadelle d'Athènes, mais pour le mur de Phalère il n'en existe plus rien. Le C.[n] Fauvel m'a marqué quelques détails nouveaux sur ces longs murs; mais, comme mon plan était gravé lorsque sa lettre m'est parvenue, je n'ai pu en faire aucun usage pour Anacharsis.

J'ai ajouté sur ce plan les bourgades de Xypété et d'Agrylé, dont on peut voir les détails dans l'ouvrage de Meursius, intitulé *de Populis Atticæ*[5]. On y trouvera aussi de plus, la colline de Sicile qui était près de la ville d'Athènes, et dont il était question dans un oracle de Dodone[6]. Ce nom, dit-on, qui promettait de très-grands avantages aux Athéniens, les trompa tellement, qu'ils crurent devoir porter leurs armes en Sicile, où ils n'éprouvèrent que des défaites. J'ai placé le

---

[1] *Herodot.* lib. 4, cap. 85; lib. 7, cap. 34.
[2] *Strab.* lib. 2, pag. 124; lib. 13, p. 591. *Plin.* lib. 4, cap. 11, tom. 1, p. 206, cap. 12, p. 214. *Agathem. de Geogr.* lib. 2, cap. 14, p. 60; *ap. Geogr. min. Graec.* t. 2.
[3] *Mém. de l'Acad. des bell. lett.* t. 48, p. 319 et 334.
[4] *Herodot.* lib. 7, cap. 36 et 55.
[5] *Joannis Meursii opera omnia, edente Joanne Lamio. Florentiæ,* 12 vol. in-f.° t. 1, col. 217 et seqq.
[6] *Pausan.* lib. 8, cap. 11, pag. 623. *Suidas, verbo* Σικελίζων.

tombeau de Thémistocle sur une des pointes du Pirée en dehors du port, d'après ce que m'a dit le C.ⁿ Verninac, un de nos ambassadeurs à la Porte, que le C.ⁿ Fauvel avait trouvé en cet endroit un magnifique tombeau. Cependant on ne voit sur ce tombeau aucune inscription, ainsi il pourrait appartenir à tout autre. Pour les détails du Pirée, on peut consulter le traité de Meursius intitulé *Piræus* [1].

La carte de l'Attique, de la Mégaride, et d'une partie de l'île d'Eubée, qui suit, est très-différente de celle des anciennes éditions. Cette carte a été entièrement refaite; mais, comme elle est dressée sur le même plan que les cartes particulières des autres provinces de la Grèce, les détails de l'ancienne Analyse lui sont également applicables, et par cette raison je n'en dirai rien davantage.

Le plan de l'Académie et de ses environs, n'est en quelque façon qu'un supplément au plan d'Athènes, dont il va être question tout à l'heure, et il est dressé sur la même échelle. Je n'y ai point fait de changements dans cette nouvelle édition. Le gymnase de l'Académie était éloigné de six stades de la porte de la ville appelée Dipylon, selon Cicéron [2]; mais il ne faut pas s'imaginer que j'aie eu des détails bien circonstanciés sur le jardin que j'ai figuré en cet endroit. Nous savons, en général, que c'était un bois fort agréable, arrosé de plusieurs courans, et ayant des allées pour la promenade [3]. C'était dans ce jardin que Platon donnait ses leçons [4]. On voit la maison de ce philosophe sur le chemin qui conduisait du jardin de l'Académie au bourg de Colone [5]. J'ai pris les détails de cette dernière bourgade de la tragédie de Sophocle, intitulée Œdipe à Colone [6]. J'ai étudié avec beaucoup de soin ce que représentaient les décorations de cette pièce, persuadé qu'elles devaient être une image exacte du local, sans quoi les Athéniens se seraient prêtés difficilement à l'illusion sur un lieu qu'ils avaient continuellement sous les yeux. Le temple de Neptune Hippius [7] est aujourd'hui remplacé par une église de Sainte Euphémie, dont le clocher forme un des sommets des triangles que le C.ⁿ Foucherot a levés dans ce pays en 1781.

Le plan d'Athènes n'a souffert aucun changement dans cette nouvelle édition, si ce n'est que, pour plus grande commodité, on a inséré dans le corps du plan, les noms qui avaient été mis en colonne sur le côté. On sera peut-être étonné de ne point voir mon nom sur ce plan; mais, lorsque l'on aura lu la note de Barthélemy [8] dans laquelle il rend compte de sa construction, on saura que je n'y ai eu d'autre part que celle de l'avoir rédigé selon ses idées. Comme il n'y a eu aucune augmentation sur ce plan, je n'en dirai rien de plus.

La carte de la Phocide, de la Doride et des pays des Locriens, existait en partie dans les anciennes éditions, mais elle est ici bien augmentée. J'y ai ajouté le détail des pays des Locriens-Ozoles, des Locriens-Epicnémidiens et des Locriens-Opontiens, qui manquaient dans l'ancien Atlas, et qui, avec la carte de l'Etolie et de l'Acarnanie, dont il sera bientôt question, complètent toutes les provinces de la

[1] *Joannis Meursii opera omnia*, t. 1, col. 537 et seqq.
[2] *Cicer. de fin.* lib. 5, cap. 1.
[3] *Plutarch. in Cimon*, t. 1, p. 487.
[4] *Voyage d'Anacharsis*, chap. 7.
[5] *Plutarch. de exilio*, t. 2, pag. 603. *Diog. Laert. in Platone*, lib. 3, cap. 7.
[6] *Sophocl. Œdip. Colon.* passim.
[7] *Thucydid.* lib. 8, cap. 67.
[8] *Voyage d'Anach.* chap. 12, note sur le plan d'Athènes.

Grèce libre, à l'époque du Voyage du jeune Anacharsis. Comme cette carte, ainsi que les autres particulières, est dressée sur l'ancien plan, tous les détails de l'ancienne Analyse lui sont applicables.

Le plan des environs de Delphes a été dressé sur un croquis que le C.ⁿ Foucherot m'a tracé de sa route du port de Salone, autrefois Cirrha, à Salone même, autrefois Amphisse, et de là à Delphes, aujourd'hui Castri. Nous savons par Eschine, qui avait été pylagore ou député d'Athènes à l'assemblée des Amphictyons à Delphes, et qui avait excité une guerre contre les Amphisséens, que cette ville d'Amphisse était éloignée de soixante stades de Delphes ', quoique Pausanias la mette faussement à cent vingt ²; et l'on comptait encore également soixante stades de Delphes à Cirrha ³, ou même quatre-vingt, comme le disent Strabon et Harpocration ⁴. Dans ce plan, les roches Phædriades sont placées d'après la vue qui se trouvait au dessus dans l'ancien Atlas, et qui a été dessinée d'après un croquis fait sur les lieux en 1781, par le C.ⁿ Fauvel. On n'a guères fait d'autre changement à ce plan, dans cette nouvelle édition, que d'y ajouter les ruines de Crissa; et on a développé la vue de Delphes et des deux roches du Parnasse, dans une planche particulière.

La carte de la Béotie a été mise sur une plus grande échelle, et par ce moyen elle se trouve plus développée. Celle de la Thessalie est presque la même que dans les anciennes éditions, si ce n'est que j'y ai ajouté un peu de terrain de tous les côtés. Au midi on y voit les villes d'Élatée et d'Oponte qui servent à lier cette carte avec la précédente; et par là la route d'Anacharsis ne se trouve point interrompue, comme elle l'était auparavant. On y voit en outre, l'île Scopelos entière et une partie de celle d'Halonèse, et au nord une partie du fleuve Haliacmon.

La carte de l'Étolie et de l'Acarnanie n'existait pas dans les anciennes éditions; mais, comme je l'ai déja dit, elle était indispensablement nécessaire, non-seulement pour l'intelligence du Voyage, mais encore pour compléter les cartes des provinces de la Grèce libre, à l'époque du Voyage du jeune Anacharsis. Cette carte est dressée, comme les autres particulières, sur l'ancien plan, c'est pourquoi ce que j'ai dit dans l'ancienne Analyse lui est applicable; néanmoins j'ajouterai ici que pour les détails de la géographie ancienne, je me suis beaucoup servi de l'ouvrage de Paulmier, intitulé *Græciæ antiquæ descriptio* ⁵, que tous les savants doivent regretter de ne pas voir achevé. Dans cette nouvelle carte, j'ai appelé Leucade, avec l'auteur du Voyage d'Anacharsis ⁶, une presqu'île, sur ce que Thucydide nous la dépeint comme tenant de son temps au continent par un isthme, par dessus lequel on faisait quelquefois passer les vaisseaux ⁷; cependant j'ai lieu de croire, d'après les rapports de Scylax et de Strabon, que cet isthme avait été coupé dès le temps où les Corinthiens s'établirent dans cette presqu'île ⁸, et que Leucade était alors une île, comme je l'ai dit dans mon ancienne Analyse ⁹. Peut-être aussi, du temps de

---

' *Æschin. contra Ctesiph.* p. 447.
² *Pausan.* lib. 10, cap. 38, p. 895.
³ *Id.* ibid. cap. 37, p. 893.
⁴ *Strab.* lib. 9, pag. 418. *Harpocrat. verb.* Κίῤῥα.
⁵ *Jacobi Palmerii a Grantemesnil, Græciæ antiquæ descriptio*, Lugduni Batav. 1678, in-4.°

⁶ *Voyage d'Anach.* chap. 36.
⁷ *Thucyd.* lib. 3, cap. 81 et 94; lib. 4, cap. 8.
⁸ *Scylax, Peripl.* p. 13, *ap. Geogr. min. Græc.* t. 1. *Strab.* lib. 10, p. 452.
⁹ Voyez ci-dessus, p. 15.

Thucydide, le canal était-il bouché et ne permettait pas aux vaisseaux de passer.

La carte de la Corinthie, de la Sicyonie, de la Phliasie et de l'Achaïe, est sur la même échelle que dans les anciennes éditions; mais j'y ai ajouté une plus grande partie des provinces qui l'avoisinent, afin de donner plus de points de reconnaissance, et la mer de Crissa s'y trouve en entier. Celle de l'Elide et de la Triphylie est à un peu plus grand point qu'auparavant, et par conséquent elle est plus développée. J'y ai figuré l'île de Zacynthe dans toute son étendue, avec une grande partie de celle de Céphallénie.

Le plan d'Olympie qui suit, est à peu près le même que dans les anciennes éditions, si ce n'est qu'on y voit les deux bords de l'Alphée. J'aurais bien désiré refaire ce plan qui ne doit point se trouver d'accord avec le terrain, parce qu'il n'est dressé, comme je l'ai dit, que sur le rapport des auteurs anciens. Je l'avais fait dans l'intention de donner l'envie d'aller voir un lieu aussi célèbre, et il a eu tout son effet. J'ai sollicité en vain du C.ⁿ Fauvel à Athènes des matériaux sur ce local qu'il a visité plusieurs fois, mais il m'a renvoyé aux détails circonstanciés qu'il en avait fait passer à l'ambassadeur Aubert-Dubayet, et il ne s'est rien trouvé ici parmi les papiers de cet ambassadeur. J'aurais désiré savoir particulièrement quelle était la forme de l'Hippodrôme, car il me reste bien des doutes sur celle que j'ai donnée à ce monument. La barrière surtout est établie sur le rapport de Pausanias, qui dit qu'elle a la figure d'une proue de navire dont l'éperon est tourné vers la lice [1]; mais je ne conçois pas comment cet éperon étant armé d'un dauphin de bronze qui s'enfonçait sous terre au signal du départ [2], tous les chars devant passer par cet endroit qui était déja très-étroit, ne se brisaient pas auparavant que d'entrer dans la lice. Barthélemy a senti cette difficulté comme moi, mais il a bien vu qu'il n'y avait que les ruines sur le terrain qui pouvaient la lever.

Le C.ⁿ Fauvel dans une lettre au C.ⁿ Foucherot, datée de 1787 ou 1788, lui marquait qu'il avait retrouvé cet Hippodrôme, le Stade, le Théâtre et le temple de Jupiter Olympien; et c'est d'après cette lettre que j'ai dit dans ma première Analyse [3] que le C.ⁿ Fauvel avait vu tous ces objets, et qu'il nous en donnerait la mesure incessamment; mais un anglais, M. Hawkins, qui rapporte [4] avoir été quatre fois depuis peu de temps à Olympie, dont, dit-il, il a fait des dessins et des plans fort exacts, ajoute qu'il n'y a trouvé aucune trace du Stade, ni de l'Hippodrôme. Cet Anglais aurait-il été moins heureux que le C.ⁿ Fauvel? Dans tous les cas, je crois que si l'on cherchait bien, on en trouverait du moins les fondements.

Ce plan est dressé particulièrement sur le rapport de Pausanias [5], mais j'y ai joint quelques détails pris de Xénophon, dans l'endroit où il décrit [6] le combat qui se livra entre les Eléens et les Arcadiens sur le sol même d'Olympie; et, pour les lieux des courses, j'ai beaucoup profité du savant mémoire de M. Delabarre [7] *sur les places destinées aux jeux publics dans la Grèce*, etc. Quelque jour je reviendrai peut-

---

[1] *Pausan.* lib. 6, cap. 20, p. 503.
[2] *Id.* ibid.
[3] Voyez ci-dessus, p. 12.
[4] *Magasin Encyclopéd.* 4.ᵉ année, t. 6, p. 538.

[5] *Pausan.* lib. 6 et 7 passim.
[6] *Xenoph. Hist. Græc.* lib. 7, cap. 4.
[7] *Mém. de l'Acad. des Bell. lettr.* t. 9, p. 376 et suiv.

être, dans des ouvrages particuliers, sur les détails de ce plan, ainsi que sur ceux de plusieurs autres de ce recueil.

La carte de la Messénie est également sur même échelle que dans les anciennes éditions, mais j'y ai ajouté quelques parties des provinces voisines, afin que l'on ait plus de points de reconnaissance. Il est bon de prévenir que les îles Strophades dépendaient de la Messénie [1]. La carte de la Laconie est aussi sur même échelle que l'ancienne, et j'y ai ajouté quelque peu de terrain. Pour le plan de Sparte et de ses environs, qui vient ensuite, il ne porte point mon nom, et a été rédigé suivant les idées du C.[n] Barthélemy; je n'y ai pris d'autre part que celle de la rédaction. Cependant dans cette nouvelle édition, pour plus grande commodité, j'ai inséré dans l'intérieur du plan, les noms qui étaient en colonne sur le côté, comme dans le plan d'Athènes, et j'ai rempli l'espace vide par ce que m'a fourni le plan de la plaine de Sparte du C.[n] David Leroi [2]. Barthélemy a rendu compte des détails de ce plan dans une note [3], c'est pourquoi je n'en parlerai pas davantage ici.

La carte de l'Arcadie a été mise sur une plus grande échelle, et par conséquent elle est plus développée. Celle de l'Argolide, de l'Epidaurie, de la Trézénie, de l'Hermionide, de l'île d'Egine et de la Cynurie, est également sur une plus grande échelle, et tous ces petits états ne s'en distinguent que mieux. Mais il ne faut pas croire, à cause du titre, que toutes ces provinces fussent dans la dépendance d'Argos : l'Epidaurie, la Trézénie, l'Hermionide et l'île d'Egine, étaient autant de petites républiques libres [4], et il n'y avait que la Cynurie, qui, après avoir été longtemps disputée entre les Argiens et les Lacédémoniens, échut enfin aux premiers [5].

La carte des côtes de l'Asie-mineure, depuis Cume jusqu'à Rhodes, n'existait pas dans les anciennes éditions, et cependant elle était nécessaire pour développer la route d'Anacharsis sur les côtes de l'Asie.

Je me suis servi du nom d'Asie-mineure dans ce titre, quoique je sache bien qu'il est de beaucoup postérieur à l'époque du Voyage du jeune Anacharsis [6], parce que cette partie de l'Asie nous est beaucoup plus connue sous ce nom que sous tout autre. Cette carte est dressée, comme toutes les autres particulières de la Grèce, sur l'ancien plan, c'est pourquoi ce que j'ai dit dans l'ancienne Analyse lui est applicable ; cependant, pour les détails de l'intérieur du continent, j'ajouterai ici, qu'ils sont appuyés sur l'examen que j'ai fait d'une grande route ancienne, décrite par Strabon, qui, partant du port Physcus en face de Rhodes, passait par Lagini, Alabanda et Trallès, pour se rendre à Ephèse [7]. Il y en avait encore une autre, qui, partant d'Ephèse, se dirigeait à l'orient, par Trallès, Acharaca et Athymbra depuis Nysa, et continuait ainsi jusqu'à l'Euphrate [8]. Jusqu'à cette heure on n'avait connu qu'une seule rivière du nom de Marsyas, qui se jetât dans le Méandre, et c'était celle qui, prenant sa source presqu'à l'endroit même que le Méandre, se rend bientôt dans ce fleuve, auprès de la ville de Célènes [9]; mais une

---

[1] *Strab.* lib. 8 , p. 359.
[2] *Leroi, Ruines de la Grèce,* tom. 2, pl. 12, p. 32.
[3] *Voyag. d'Anach.* chap. 41, en note.
[4] *Pausan.* lib. 2 , passim.
[5] *Id.* ibid. cap. 38, p. 202.
[6] *Cellarius , Notitia orbis antiqui,* lib. 3 , cap. 1, t. 2 , p. 2.
[7] *Strab.* lib. 14 , p. 663.
[8] *Herodot.* lib. 5 , cap. 52. *Strab.* ibid. *Plin.* lib. 2, cap. 108, t. 1, pag. 124. *Agathem. de Geogr.* lib. 1, cap. 4, p. 10, ap. *Geogr. min. Græc.* t. 2.
[9] *Herodot.* lib. 7, cap. 26. *Xenoph. Exped. Cyr.* lib. 1 , cap. 2.

autre très-grande et qui passe à Lagini, en ramassant toutes les eaux de l'intérieur de la Carie, m'a paru avoir aussi porté ce nom. Hérodote dit [1] que ce Marsyas se jette dans le Méandre, après avoir traversé le territoire d'Idrias; et l'on sait par Strabon [2] que Lagini, que l'on appelle aujourd'hui Lachina, était dans le territoire de Stratonicée, qui avait autrefois porté le nom d'Idrias [3]. Ce Marsyas est donc la rivière de Lachina. Je l'ai placée pour la première fois sur les cartes du Voyage pittoresque de la Grèce de M. de Choiseul-Gouffier [4], d'où je l'ai transportée sur celles d'Anacharsis.

La carte des Cyclades, qui est de M. d'Anville, n'a presque souffert aucun changement, si ce n'est que, pour la remettre à la grandeur nécessaire pour cette nouvelle édition, j'y ai ajouté une petite partie de l'île d'Eubée et de l'Attique, ainsi qu'une partie de l'île de Chio et le cap Scyllæum, mais toujours d'après les cartes de ce géographe [5]. J'ai cru pouvoir supprimer le petit tableau de l'île de Délos, qui se trouvait dans un coin, parce qu'il n'était pas assez détaillé, et je l'ai remplacé par un plan de même grandeur que la carte, représentant l'île de Délos plus en grand, et une partie des deux îles voisines. J'ai cherché inutilement dans les portefeuilles du dépôt de la Marine, que le C.[n] Buache a eu la bonté de me mettre sous les yeux, tout ce qui pourrait m'être utile pour ce plan; je n'y ai rien trouvé de satisfaisant, et j'ai été réduit à me servir de la carte des îles de Mycône et des Sdiles qui a été donnée par Tournefort [6]. Je l'ai mise en plus grand, et j'en ai corrigé le nord en le faisant plus oriental d'un quart de vent, cette carte ayant, sans doute, été levée à la boussole. J'y ai ajouté aussi une échelle, d'après le plan particulier que Tournefort [7] a donné de l'île de Délos. Cependant, ce n'est pas positivement de ce dernier plan que j'ai pris la figure de cette île pour le mien. Je l'ai réduite d'après le plan qui se trouve dans le Voyage pittoresque de la Grèce [8], et j'en ai employé le nord tel qu'il est marqué, parce que la variation m'en a paru corrigée. Tous les détails de la géographie ancienne de cette île, à peu près, sont expliqués dans l'excellente description que Tournefort a faite [9] de l'île de Délos, c'est pourquoi j'engage à y recourir.

Il ne me reste plus qu'à rendre compte de la nouvelle *Carte générale de la Grèce, avec une grande partie de ses Colonies, tant en Europe qu'en Asie.* Cette carte, comme je l'ai déjà dit, a été travaillée avec le plus grand soin, et je n'ai rien négligé pour lui donner tout le degré d'exactitude possible. Elle est construite sur même échelle que l'ancienne *Carte générale de la Grèce et ses îles,* et, par ce moyen, ces deux cartes se serviront de comparaison; on verra par là, d'un coup d'œil, les grands changements et les additions qui ont été faits à la première.

La projection de cette nouvelle carte générale est dressée, comme celle de l'ancienne, dans l'hypothèse de la terre applatie, c'est-à-dire, que la diminution des

---

[1] *Herodot.* lib. 5, cap. 118.

[2] *Strab.* lib. 14, p. 660.

[3] *Strab.* ibid. *Steph. verb.* Ἐχάλεια, Ἰδρίας, Χρυσαορίς.

[4] *M. de Choiseul-Gouffier, Voyag. pittor. de la Grèce,* pl. 73, t. 1, p. 128.

[5] Ces additions ont été prises de la carte de M. d'Anville, intitulée *Les côtes de la Grèce et l'Archipel,* qu'il a publiée en 1756.

[6] *Tournefort, Voyag.* t. 1, p. 278.

[7] *Id.* ibid. p. 290.

[8] *M. de Choiseul-Gouffier, Voyag. pittor. de la Grèce,* pl. 31, t. 1, p. 49.

[9] *Tournefort,* ibid. p. 287 et suiv.

f

degrés de longitude en est prise de la Table de Schulze [1]. Les méridiens sont droits partout, et leur *intervalle* a été calculé et tracé sur les tangentes des parallèles 37 et 41. La courbure de ces mêmes parallèles a ensuite été conclue, sur chaque méridien, de la différence de la sécante au rayon, et, dans toute l'étendue du méridien, on a évalué les différents degrés de latitude, à 57000 toises (111058 mètres et environ cinq décimètres) juste chacun, cette mesure étant à peu près la mesure moyenne.

Lorsque j'ai dressé mon premier Atlas, pour le Voyage du jeune Anacharsis, j'étais très-dépourvu d'observations astronomiques, surtout dans le sens de la longitude; aussi ai-je été obligé de lier mes cartes particulières avec la position de Therme ou Salonique [2], pour pouvoir les assujettir en longitude sur ma Carte générale; mais aujourd'hui que la longitude de Salonique est réputée fausse [3], je ne puis plus partir de ce point. Heureusement j'ai un assez grand nombre d'observations de plusieurs autres côtés, et quelques-unes de ces observations me serviront aujourd'hui de point de départ.

Peu de temps après que mon ancien Atlas d'Anacharsis eut paru, et même depuis que je suis occupé de celui de cette nouvelle édition, on m'a communiqué un bon nombre d'observations de M. de Chabert, ainsi que plusieurs esquisses de cartes de lui, sur les parties méridionales de la Grèce et de l'Archipel; et ce sont ces travaux de M. de Chabert, qui font la base de ma carte dans cette partie.

M. de Chabert, étant en 1768 au mouillage du sud de l'île de l'Argentière, près de Milo, qui est appelée dans mes cartes l'île Cimolos, observa la longitude et la latitude astronomiquement. Il trouva la longitude de 22.° 16.′ 15.″ à l'orient du méridien de Paris, et la latitude de 36.° 46.′ 21.″ [4]. Cette longitude fait voir que celle que le P. Feuillée avait observée au bourg de Milo, dans l'île de Mélos, est fausse; mais la latitude que cet astronome donne en même temps à ce bourg, est assez bonne, quoique je l'aie soupçonnée d'erreur, dans ma première construction des cartes d'Anacharsis [5]. De ce point et de quelques autres aux environs, M. de Chabert a relevé plusieurs des îles Cyclades, et il est parvenu à fixer assez exactement le cap Doro de l'île d'Eubée, autrefois le promontoire de Capharée, à 22.° 17.′ 4.″ de longitude, et à 38.° 9.′ 59.″ de latitude [6]. La position de ce cap est essentielle, parce que c'est là que la mer Egée, ou l'Archipel, devient un peu plus libre, et que cette mer est moins embarrassée d'îles.

De là M. de Chabert fixa plusieurs points dans la mer Saronique, aujourd'hui le golfe d'Engia, et j'avais la carte qu'il avait dressée de ce golfe, sauf quelques changements qu'il y a faits depuis, lorsque je composais ma carte de l'Attique en 1785; mais ce qui me manquait alors, c'était l'observation qu'il avait faite dans le fond de ce golfe, auprès d'une tour ruinée, sur le bord de la mer, directement à l'est du château de Corinthe. Il a observé la latitude à cette tour, de 37.° 53.′ 24.″ et il en a déterminé la longitude, par le moyen de l'horloge marine, à 20.° 42.′ 22.″ à

---

[1] *Lalande*, *Astronomie*, tom. 4, p. 770 et suiv.
[2] Voyez ci-dessus, p. 19.
[3] *Connaissance des temps pour 1792 et années suivantes.*
[4] *Notes manuscrites.*
[5] Voyez ci-dessus, p. 9.
[6] *Notes manuscrites.*

l'orient du méridien de Paris [1]. Il a également observé la latitude au château de Corinthe, autrefois l'Acro-Corinthe, de 37.° 55.′ 22.″ ce qui s'accorde assez bien avec celle que le C.ⁿ Beauchamp a trouvée dans la ville même, en 1796, de 37.° 55.′ 54.″ [2]. Je n'avais point toutes ces déterminations, lorsque j'ai composé mon premier Atlas pour Anacharsis, c'est pourquoi j'ai assujetti cette carte de M. de Chabert, à la latitude d'Athènes donnée par Vernon, de 38.° 5.′ [3]; mais cette latitude est fausse, et les observations de M. de Chabert ne placent cette ville qu'à 37.° 58.′ 1.″ de latitude [4]. Toute l'Attique était donc placée trop au nord dans mes Cartes, et c'est parce que j'avais estimé assez bien la distance du cap Colonne, autrefois le promontoire Sunium, à Milo, autrefois Mélos [5], que je n'avais pu assujettir mes cartes à la latitude de Milo du P. Feuillée. J'aurais dû préférer l'autorité de cet astronome à celle de Vernon.

La latitude du château de Corinthe une fois bien connue, il m'a été facile d'en déterminer la longitude d'après la petite carte dont j'ai parlé dans mon ancienne Analyse [6]; elle m'a paru devoir être de 20.° 34.′ 40.″ à l'orient du méridien de Paris. Ainsi cette ville diffère peu de son ancienne position, sur mes cartes, dans le sens de la longitude, mais il y a une différence d'environ 7.′ sur la latitude, quoique j'eusse déja retranché environ 13.′ [7] sur la latitude de cette ville indiquée par Vernon. La connaissance des temps pour 1787, donnait [8] la latitude de Corinthe de 37.° 50.′

M. de Chabert a aussi fait des observations dans le golfe d'Argos, aujourd'hui de Napoli de Romanie, et il en résulte que les cartes de Verguin font la côte septentrionale de ce golfe un peu trop longue. En effet, Verguin a formé des triangles dont certains angles sont très-aigus [9], ce qui a pu lui donner des erreurs. C'est dans le milieu de cette côte à peu près, que l'on doit faire les corrections. M. de Chabert place la pointe la plus ouest de la ville de Napoli de Romanie, autrefois Nauplia, par 37.° 33.′ 50.″ de latitude et par 20.° 27.′ 15.″ de longitude à l'orient du méridien de Paris, et le plus haut de l'île de l'Especi, autrefois Tiparenus, par 37.° 15.′ 25.″ de latitude, et par 20.° 49.′ 26.″ de longitude [10]. Ces deux déterminations sont celles des points extrêmes de cette côte. Le C.ⁿ Beauchamp nous donne pour la latitude de Napoli de Romanie, apparemment dans un autre endroit, 37.° 32.′; et il a observé à terre dans le port d'Hydra, autrefois Hydrea, la latitude de 37.° 20.′ 33.″ [11]. La côte occidentale du golfe d'Argos n'est pas encore très-bien relevée, c'est pourquoi je l'ai toujours assujettie au rayon que le C.ⁿ Foucherot a tiré dessus, étant dans la ville d'Argos [12].

Le cap Saint-Ange, autrefois le promontoire Malée, est indiqué par Niebuhr à 36.° 26.′ de latitude [13], et c'est à peu près là où il est placé dans ma carte. M. de

---

[1] Notes manuscrites.

[2] Observ. de Beauchamp, manuscrites.

[3] Voyez ci-dessus, p. 9.

[4] Notes manuscrites.

[5] Voyez ci-dessus, p. 11.

[6] Id. pag. 10.

[7] Id. ibid.

[8] Connaiss. des Temps, pour l'année 1787, p. 316.

[9] Carte manuscrite.

[10] Notes manuscrites.

[11] Observ. de Beauchamp, manuscrites.

[12] Voyez ci-dessus, ibid.

[13] Niebuhr, Voyage en Arabie, t. 1, p. 17.

Chabert étant au mouillage de l'île Cervi, qui est le plus près de la terre ferme, c'est-à-dire, tout proche de l'isthme de la presqu'île appelée dans mes cartes Onugnathos ou Mâchoire-d'âne, a observé la latitude de 36.° 30.′ 41.″ et il a déterminé la longitude de ce même point, par le moyen de l'horloge marine, à 20.° 38.′ 19.″ à l'orient du méridien de Paris [1]; ainsi ce point est assez bien fixé. De là il a relevé une grande partie de l'île de Cérigo, autrefois Cythère, qui, selon lui, s'étend un peu plus au sud que ne le comporte l'observation de M. de Chazelles que j'ai citée [2], et il a trouvé que l'île de l'Ovo, qui n'est pour ainsi dire qu'un rocher au midi de Cérigo, est également un peu plus méridionale que ne l'indique Niebuhr [3]. Il a de même relevé le cap Matapan ou Ténare, dont il était en effet important de connaître la position, parce que c'est la pointe la plus méridionale du Péloponèse. Il le fixe à 36.° 23.′ 20.″ de latitude, et à 20.° 9.′ 15.″ de longitude, par le moyen de l'horloge marine [4]. De ces différentes déterminations il résulte, que la distance du cap Malée au Ténare, est moins considérable dans ma nouvelle carte que dans les anciennes.

La pointe du cap devant Coron, autrefois Coroné, a été également déterminée en longitude par M. de Chabert, par le moyen de l'horloge marine, à 19.° 38.′ 37.″ à l'orient du méridien de Paris, et ce navigateur y a observé la latitude de 36.° 47.′ 26.″ [5]. Cette latitude est à peu près celle que j'avais donnée, dans mes premières cartes, à la ville de Coroné; mais, comme le même navigateur a aussi observé la latitude du Fournigue, qui est l'écueil le plus au midi de l'île Théganusse, à 36.° 39.′ 38.″ et que par cette observation toute la côte jusqu'à Mothoné, est obligée de remonter beaucoup plus au nord que je ne l'avais tracée dans mes cartes, je ne retrouve plus les 160 stades qui sont marqués par Pausanias [6], entre le cap Acritas et Coroné; à peine même s'en trouve-t-il de 65 à 70. Cependant je n'ai rien voulu changer à toutes ces déterminations, parce qu'elles s'accordent avec la latitude de Mothoné, aujourd'hui Modon, que M. de Chabert a observée de 36.° 49.′ [7], et que M. Leroi avait trouvée absolument semblable à une minute de moins, près [8], avant lui. La latitude que Niebuhr indique pour l'île Sapience [9], la plus nord des îles Œnusses, est fausse.

L'île d'Egilie, aujourd'hui Cérigotto, au sud de Cythère, est placée d'après plusieurs relèvements de M. de Chabert [10], et elle se trouve assez juste dans la latitude indiquée par Niebuhr [11]. Pour l'île de Crète, aujourd'hui Candie, comme elle n'est que la réduction d'une carte plus détaillée de cette île, que j'ai dressée pour l'ouvrage d'un de mes amis, intitulé *Des anciens Gouvernements fédératifs et de la législation de Crète*, qui a paru dernièrement, je renvoie à l'Analyse que j'ai donnée de cette carte; dans cet ouvrage [12]. M. de Chabert a encore déterminé le sommet

---

[1] *Notes manuscrites.*
[2] *Voyez ci-dessus, p.* 14.
[3] *Niebuhr, Voyage en Arabie,* t. 1, p. 17.
[4] *Notes manuscrites.*
[5] *Idem.*
[6] *Pausan.* lib. 4, cap. 34, p. 365 et 367. Voyez ci-dessus, p. 13.
[7] *Notes manuscrites.*
[8] *Note manuscrite de M. de la Nauze.*
[9] *Niebuhr, Voyage en Arabie,* t. 1, p. 16.
[10] *Notes manuscrites.*
[11] *Niebuhr,* ibid. p. 17.
[12] *Sainte-Croix, Des anciens Gouvernements fédératifs et de la législation de Crète.* Paris, an 7.ᵉ, un vol. in-8.° p. 467 et suiv.

de la montagne de Saint-Etienne, qui est dans la partie méridionale de l'île de Santorin, autrefois Théra, à 23.° 9.′ 5.″ de longitude à l'orient du méridien de Paris, et à 36.° 22.′ de latitude [1]. Cette dernière observation est fort différente de celle que M. Leroi avait faite en 1738 à la pointe la plus méridionale de cette île, et qui en donnait la latitude à 36.° 29.′ [2]; mais je m'en suis tenu à la détermination de M. de Chabert, comme étant liée à d'autres opérations. J'ai simplement assujetti à cette détermination de M. de Chabert, une carte manuscrite des îles de Santorin, Nanfio et Stanpalia, levée en 1738 par le même M. Leroi [3].

La figure que j'ai donnée aux îles Cyclades est prise, en partie, d'une grande carte manuscrite des îles de Mélos, Paros, Naxos, et autres voisines, levée en 1685 par le sieur Razaud, ingénieur, dont j'ai eu communication au Dépôt de la marine, et que j'ai assujettie aux opérations de M. de Chabert. Pour les autres îles, je me suis servi des plans dont j'ai parlé dans mon ancienne Analyse [4], en les assujettissant également aux opérations de M. de Chabert, ainsi qu'à plusieurs relèvements faits par différents vaisseaux [5], qui m'ont été aussi communiqués au Dépôt de la marine. Quant aux côtes de la Grèce et du Péloponèse, j'ai assujetti aux premiers travaux de M. de Chabert, une carte très-détaillée de la mer Soarnique ou du golfe d'Engia, assez bien levée par un pilote nommé Lavalle, que l'on m'a encore communiquée au Dépôt de la marine; et pour tout le reste, je me suis servi des matériaux que j'ai indiqués dans mon ancienne Analyse [6].

De Mothoné ou Modon, pour parvenir à fixer le reste du Péloponèse, il m'a fallu arriver jusqu'à Patras, autrefois Patræ en Achaïe, afin d'avoir une position assez bien déterminée. Cette ville a été observée en longitude et en latitude par le C.ⁿ Beauchamp [7]. Jusqu'à présent je n'ai rien dit des longitudes observées par cet astronome, dans l'Archipel ou la mer Egée, parce que toutes ces longitudes paraissent être fort en erreur; cependant, il m'a semblé qu'avec une petite correction, on pouvait encore les rendre utiles, du moins celles de la partie occidentale de la Grèce et de la mer Adriatique, ou du golfe de Venise, et je vais entrer en explication.

Le C.ⁿ Beauchamp partit de Venise le 20 mai 1796 pour aller à Constantinople. Il navigua d'abord le long de la côte de l'Istrie et de la Dalmatie, et ensuite, traversant le golfe de Venise, il arriva le 3 juin en vue de la ville de Monopoli, dans le royaume de Naples; de là il vint descendre le 23 juillet à Corfou, où il resta plusieurs jours, ensuite il mit pied à terre à Patras le 22 août, et il arriva à Corinthe le 26, d'où, par Naples de Romanie et l'Archipel, il se rendit à Constantinople. Il fit des observations de latitude dans tous ces lieux, et détermina la longitude, par le moyen de la montre marine; mais toutes ses longitudes sont en excès [8]. Nous avons vu que les observations de M. de Chabert, nous avaient donné lieu de conclure la longitude de Corinthe d'une manière assez précise, et nous l'avons fixée à

---

[1] *Notes manuscrites.*
[2] *Note manuscrite de M. Leroi.*
[3] Voyez ci-dessus, p. 24.
[4] Id. ibid.
[5] *Relèvements manuscrits.*
[6] Voyez ci-dessus, p. 10, 11 et 13.
[7] *Observ. de Beauchamp, manuscrites.*
[8] *Idem.*

20.° 34.′ 40.″ à l'orient du méridien de Paris [1]. Le C.ᵉ Beauchamp nous donne cette longitude de 20.° 48.′ 24.″ également à l'orient du méridien de Paris. Sa longitude est donc trop forte de 13.′ 44.″ Or, en divisant ces 13.′ 44.″ par la quantité de jours qu'il a employés pour arriver de Venise à Corinthe, on aura l'avance de sa montre de chaque jour, et, par conséquent, on sera à même de rectifier ses longitudes de la même quantité. Je ne présente pas, à la vérité, cette rectification, comme un moyen infaillible de ramener les longitudes du C.ᵉ Beauchamp à leur vrai point ; mais néanmoins elles seront si rapprochées, qu'elles suffiront pour leur application à la géographie. Du moins, il me semble en avoir déjà une preuve dans la longitude de Monopoli, qui, quoique prise à la mer, est réduite par le C.ᵉ Beauchamp pour le lieu indiqué. Il nous donne cette longitude, d'après sa montre marine, de 15.° 23.′ 45.″ à l'orient du méridien de Paris, et cette longitude rectifiée, sera de 15.° 21.′ 30.″ Or, dans la nouvelle carte des côtes du royaume de Naples, de Rizzi-Zannoni, publiée à Naples en 1785, en vingt-trois feuilles, et dont il sera question par la suite, la ville de Monopoli se trouve placée par 15.° 19.′ de longitude à l'orient du méridien de Paris. La différence est de peu de chose.

J'ai donc divisé les 13.′ 44.″ en autant de jours que le C.ᵉ Beauchamp en a employés pour venir de Venise à Corinthe, et la quantité qui en est résultée, je l'ai soustraite autant de fois, sur chacune de ses observations, qu'il y avait de jours qu'il était parti de Venise. C'est ainsi que j'ai rectifié les longitudes de Patras et de Corfou. Celle de Patras est indiquée par le C.ᵉ Beauchamp [2], à 19.° 41.′ 15.″ à l'orient du méridien de Paris, d'après sa montre marine, et elle se corrige, suivant ma méthode, en 19.° 27.′ 29.″ C'est dans cette dernière détermination que j'ai placé cette ville dans ma nouvelle carte. Le C.ᵉ Beauchamp en a aussi observé la latitude de 38.° 12.′ 41.″, et cette latitude diffère peu de celle que je lui ai donnée dans mes anciennes cartes, où elle est placée par 38.° 9.′, quoique Vernon l'indiquât [3] de 38.° 40.′, et la Connaissance des temps pour 1787 [4], de 38.° 5.′ Mais ce qu'il y a de plus avantageux dans la détermination de Patras du C.ᵉ Beauchamp, c'est que cette position remonte à peu près d'autant vers le nord, que nous avons vu que celle de Mothoné ou Modon était obligée de remonter, et que ces deux positions, (la longitude étant corrigée) conservent précisément la même différence dans ce sens, que je leur ai donnée dans mes premières cartes. Le travail de ma côte occidentale du *Péloponèse* est donc déjà assez exact dans ces premières cartes ; aussi n'ai-je eu qu'à le transporter sur ma nouvelle carte, en l'assujettissant aux positions de Patræ et de Mothoné. Il est vrai que, par ce moyen, la ville de Zacynthe ou Zante, ne se trouve plus dans la latitude que je lui ai donnée précédemment, d'après l'observation de M. de Chazelles, et que j'ai rapportée ci dessus [5] ; elle est plus septentrionale d'environ quatre minutes, mais je n'ai pas cru que cette latitude qui n'a été observée qu'en mer, et qui d'ailleurs m'aurait forcé de descendre l'île Céphallénie beaucoup plus au midi, dût m'arrêter.

---

[1] *Voyez ci-dessus*, p. 43.
[2] *Observ. de Beauchamp*, *manuscrites*.
[3] *Journal de Vernon*, p. 302.
[4] *Connaiss. des Temps*, *pour 1787*, p. 316.
[5] *Voyez ci-dessus*, p. 12.

Par cette nouvelle détermination de Patræ ou Patras, et par celle de Corinthe, toute la mer de Crissa, aujourd'hui le golfe de Lépante, prend une direction différente de celle qu'elle a dans mes premières cartes, et cette direction se rapproche de celle que lui a donnée M. d'Anville, dans sa carte de l'ancienne Grèce [1]; néanmoins, elle est toujours assujettie aux différents relèvements de Wheler [2]. L'intérieur du Péloponèse a été retravaillé en raison de la direction que prennent les côtes, et Sparte ne se trouve plus actuellement qu'à environ 37.° 3.' de latitude.

De Patræ ou Patras, pour assujettir les côtes de l'Acarnanie et de l'Epire, et les îles qui en sont voisines, j'ai été obligé d'atteindre la position de Corfou dans l'île de Corcyre, qui a été également déterminée en longitude et en latitude par le C.ⁿ Beauchamp [3]. D'après l'indication de cet astronome, la longitude de cette ville serait de 17.° 51.' 15." à l'orient du méridien de Paris, mais, suivant ma correction, elle n'est que de 17.° 45.' 38." La latitude qu'il a observée dans cette ville, est de 39.° 38.' 18." Je l'ai fixée dans mon ancienne Carte générale à 39.° 37.' ainsi on voit que je connaissais alors assez bien la hauteur de cette ville; mais ce qui ajoute à l'exactitude de cette ancienne position, c'est que la différence de longitude qu'indiquent les observations corrigées de Beauchamp, entre les points de Patras et de Corfou, est encore la même, à une minute près en plus que celle que j'ai donnée dans cette ancienne Carte générale. Tout mon travail sur cette côte occidentale de la Grèce, est donc très-exact en général [4], et je n'ai fait que l'assujettir sur la nouvelle Carte générale, aux observations indiquées.

De Corfou, pour gagner les monts Acrocérauniens, j'ai employé la même quantité de longitude que dans l'ancienne carte, parce que cette longitude est appuyée sur plusieurs aires de vent qui n'ont presque point changé [5]; mais en même temps, pour conserver le golfe de la Valone ou d'Oricum à la même hauteur où je l'ai placé, parce que comme je l'ai dit, sa latitude paraît avoir été observée [6], j'ai été obligé de diminuer sur l'espace compris entre ce golfe et Corfou, ce dont cette dernière ville s'est élevée vers le nord. La côte qui suit jusqu'à Epidamne, aujourd'hui Durazzo, est absolument la même que dans l'ancienne carte, et la latitude que j'ai donnée à cette ville, se trouve confirmée par celle de 41.° 30.' indiquée [7] dans la Connaissance des temps pour 1787, et qui en diffère peu [8]. La côte qui est au nord de Durazzo, est établie sur plusieurs aires de vent, donnés par différents portulans, et elle est appuyée sur la latitude de la ville de Scutari, autrefois Scodra, qui ne paraît pas avoir existé du temps du Voyage du jeune Anacharsis, mais qui était située à l'embouchure du lac Labéatide. Cette latitude est donnée par la Connaissance des temps pour 1787 [9], de 42.° 15.' Le reste de la côte au nord est pris, en partie, des Cartes de la Dalmatie de Coronelli.

Après avoir ainsi fixé la côte occidentale de la Grèce, il faut déterminer la côte orientale. J'ai dit que M. de Chabert était parvenu à fixer le cap Doro, autrefois le

---

[1] D'Anville, Græciæ antiquæ specimen geographicum, 1762.
[2] Whel. a journ. book 6, p. 442, 481 et 482.
[3] Observ. de Beauchamp, manuscrites.
[4] Voyez ci-dessus, p. 15, 16 et 20.
[5] Idem. p. 20 et 21.
[6] Voyez ci-dessus, p. 21.
[7] Connaiss. des Temps, pour 1787, p. 316.
[8] Voyez ci-dessus, p. 21.
[9] Connaiss. des Temps, pour 1787, ibid.

promontoire Capharée, dans l'île d'Eubée, et que la latitude d'Athènes avait été
conclue de ses opérations [1]. Les villes de Thèbes et de Négrepont ou Chalcis en
Eubée, sont placées d'après une carte manuscrite de l'Attique, dont les côtes ont
été levées par le C.ⁿ Raccord, et l'intérieur rempli par le C.ⁿ Fauvel. J'aurais désiré
avoir cette carte, lorsque j'ai fait mon travail sur l'Attique, ma carte de cette province aurait été plus parfaite; mais cette carte ne fait que d'arriver, et elle a été ap-
portée par le C.ⁿ Félix, consul de la république française à Salonique. La ville de
Thèbes est un peu au dessous de la latitude indiquée par Vernon, et celle de Négrepont descend d'environ cinq minutes. Vernon donne la latitude de cette dernière [2]
de 38.° 31.ʹ

C'est de cette position de Négrepont ou Chalcis, que je suis parti pour fixer les
Thermopyles. Strabon indique 530 stades pour la navigation de l'Euripe aux Thermopyles [3], et on a vu, dans mon ancienne Analyse [4], qu'il donne 800 stades pour
la distance de ces mêmes Thermopyles au fond du golfe d'Ambracie. Ces deux mesures ont souffert quelque réduction dans ma nouvelle carte, mais je n'ai pu y faire
usage de celle de 508 stades, que le même auteur compte du fond du golfe de
Crissa aux Thermopyles, et que j'avais employée dans mes anciennes cartes [5], parce
qu'elle est devenue trop courte. Néanmoins, les Thermopyles sont toujours restés,
à peu près, par la même latitude, et, quoique j'aie été obligé de combiner de nouveau tous les rayons de VVheler, il en est peu qui se soient trouvés faux. Le Lycorée est toujours dans le nord direct de la boussole de l'Acro-Corinthe, et au sud-
quart-sud-ouest d'Elatée [6].

La distance des Thermopyles au promontoire Sépias est un peu diminuée, néanmoins le canal qui sépare l'île d'Eubée de la Thessalie conserve la même direction, et le fond du golfe Pagasétique est toujours appuyé sur la latitude de Pagase
ou du château de Volo, donnée par Dapper [7]. Ce promontoire Sépias est plus occidental qu'il n'était dans mes anciennes cartes, et cependant il ne se trouve plus au
midi juste de celui de Posidium dans la presqu'île de Pallène [8], parce que j'ai été
obligé de rejeter la ville de Salonique ou Therme, beaucoup plus dans l'ouest. J'ai
dit que la partie septentrionale de l'Archipel, ou de la mer Égée, avait été réduite,
sur ma nouvelle Carte générale, d'après celles que le général Truguet a levées
dans ces parages en 1785, 1786 et 1787. Ces cartes sont de la dernière exactitude; elles ont été levées géométriquement, les latitudes y ont été observées avec
soin, et les longitudes y sont vérifiées de proche en proche par la montre marine.
On peut voir, dans la Connaissance des temps, plusieurs points tirés de ces cartes;
et c'est, sans doute, d'après ces observations, que l'on s'est déterminé à supprimer
la longitude de Salonique donnée par le P. Feuillée, comme ne pouvant s'accorder
avec elles [9]. En effet, en partant du fond du golfe de Piérie que me donnent ces
cartes, et suivant les distances indiquées entre Amphipolis sur le Strymon, et

---

[1] Voyez ci-dessus, p. 42 et 43.
[2] *Journal de Vernon*, p. 302.
[3] *Strab.* lib. 9, p. 429.
[4] Voyez ci-dessus, p. 16.
[5] Idem. p. 17.

[6] *Whel. a journ.* book 6, p 443 et 462.
[7] Voyez ci-dessus, p. 20.
[8] Idem. p. 19.
[9] *Connaiss. des Temps*, pour 1792 et années suivantes.

Thessalonique ou Therme, par les itinéraires Romains qui sont tous d'accord [1], j'ai été obligé de reculer Salonique dans l'ouest, d'environ vingt minutes. Je lui ai conservé sa même latitude, mais sa position a influé sur tout ce qui l'environne.

J'ai toujours suivi, pour la côte orientale du golfe Thermaïque, la carte de M. Leroi [2] : mais la côte occidentale a subi quelques changements, ainsi que l'intérieur de la Thessalie; et les golfes qui sont entre la presqu'île de Pallène et le mont Athos se sont trouvés rétrécis. Quant aux îles Sciathos, Scopelos et leurs voisines, elles ont été établies sur les relèvements de plusieurs vaisseaux, et particulièrement du vaisseau le Bayle qui naviguait en ces parages en 1735 [3]. L'île de Scyros a été également déterminée par plusieurs relèvements, et M. de Chabert en a fixé le point le plus élevé, à 22.° 18.' 16." de longitude à l'orient du méridien de Paris [4]. Pour revenir à la position de Therme ou Salonique, la place qu'elle prend en longitude dans ma nouvelle carte, raccourcit singulièrement la mesure de la voie Egnatienne. Nous avons vu que Polybe, dans Strabon, donne pour la mesure de cette route, depuis Apollonie ou Epidamne jusqu'à Thessalonique, 267 milles Romains [5], et les itinéraires Romains font compter davantage [6]; or, on ne trouve dans ma carte que 195 de ces mêmes milles, en ligne directe, depuis Epidamne jusqu'à Therme. Il faut qu'il y ait de grandes montagnes dans cet espace, ou que la route fasse de grands détours.

Les côtes de la Thrace, depuis le mont Athos jusqu'à Byzance, sont réduites des cartes du général Truguet, ainsi que celles de l'Asie, depuis l'embouchure du Rhyndaque dans la Propontide jusqu'à l'entrée du golfe de Cume; et ces cartes comprennent les îles de Cyzique, de Lesbos, de Ténédos, d'Imbros, de Samothrace, de Lemnos, et même celle de Néa, que l'on appelle aujourd'hui Agio-Strati. Ces cartes sont assujetties aux observations de longitude et de latitude faites par M. Tondu, astronome, au vieux château d'Asie des Dardanelles et à Tarapia dans le canal de Constantinople, et les longitudes intermédiaires ont été déterminées par le C.ᵃ Truguet, au moyen de la montre marine. La longitude du vieux château d'Asie des Dardanelles, est indiquée par la Connaissance des temps, pour 1792 et années suivantes, d'après les observations de M. Tondu, de 23.° 59.' 15." à l'orient du méridien de Paris, et la latitude de 40.° 9.' 8." Tarapia est indiqué à 26.° 40.' 28." à l'orient du méridien de Paris, et à 41.° 8.' 24." de latitude [7]. La partie réduite d'après ces cartes est une des plus exactes de ma carte, et je n'y ai fait d'autre changement que d'y rendre la configuration de l'île d'Imbros d'une manière plus détaillée, parce que cette île n'a été relevée que de loin.

Le C.ᵃ Truguet a également levé les deux golfes de la partie orientale de la mer de Marmara, autrefois la Propontide; mais, comme je l'ai dit, son prompt départ pour l'Espagne m'a privé de cette partie. Je l'ai suppléée du mieux qu'il m'a été possible. J'ai réduit le golfe d'Astacus, aujourd'hui de Nicomédie, de celui de M. Peys-

---

[1] *Vetera Romanorum itiner. edente Wesseling*, Amstel. 1735, in-4.° p. 320, 330, 604 et 605. *Peuting. tab. segm.* 7.

[2] Voyez ci-dessus, p. 19.

[3] *Relèvements manuscrits.*

[4] *Notes manuscrites.*

[5] Voyez ci-dessus, p. 22.

[6] *Vetera Roman. itin.* p. 318, 329, 605 et suiv.

[7] *Connaiss. des Temps*, pour 1792, p. 298, 299, 318 et 319.

sonnel, dont j'ai parlé dans mon ancienne Analyse [1], et qui diffère peu de celui qui se trouve dans la carte de la mer de Marmara, de Bellin [2]; je l'ai assujetti à la pointe de Bous-bouroun, autrefois le promontoire Posidium, que me donnaient encore les cartes du C.ⁿ Truguet, et à la latitude de Nicomédie, appelée dans mes cartes Olbia, et qui se trouve indiquée dans la Connaissance des temps pour 1787, de 40.° 46.' [3]. Cette position, ainsi que beaucoup d'autres, tant en Italie qu'en Turquie, qui se trouvent indiquées dans cette Connaissance des temps, et dont j'ai déja cité plusieurs, me paraissent dériver d'un voyage fait dans ces pays, mais toutes les longitudes en sont fausses. Le golfe de Cius, aujourd'hui de Moudania, est pris de la carte de la mer de Marmara de Bellin, où il paraît avoir un caractère d'exactitude, et je l'ai également assujetti à la pointe de Bous-bouroun du C.ⁿ Truguet et à la côte qui est au midi. La position d'Ancoré, aujourd'hui Is-Nik ou Nicée, est placée, par la latitude indiquée par la Connaissance des temps pour 1787, de 40.° 20.' [4]. Le Bosphore de Thrace est réduit du plan particulier que j'en ai donné en l'assujettissant à la position de Tarapia, et les côtes d'Asie, sur le Pont-Euxin, sont les mêmes que celles de ma carte particulière de cette mer [5].

La côte de la Thrace, sur le Pont-Euxin, est aussi à peu près la même que dans ma carte du Palus-Méotide et du Pont-Euxin; mais, pour l'intérieur de cette province et de la Macédoine, il est bien différent de ce que représentent les cartes précédentes. Cet intérieur est établi sur les routes des voyageurs, comparées avec les itinéraires romains, et il est appuyé sur une carte manuscrite allemande très-détaillée de la route de Iagodin à Constantinople, levée en 1719 à la montre et à la boussole, et dont je dois la communication à l'amitié du général Abancourt. Cette carte m'a été très-utile pour fixer les détails de géographie ancienne de ce pays, que l'on connaît très-peu aujourd'hui, mais il aurait été à desirer que nous eussions quelques observations astronomiques sur cette route. Je l'ai assujettie à la position de Sélivrie, autrefois Sélymbrie, sur la Propontide, qui a été fixée par le C.ⁿ Truguet, à 25.° 50.' 48." de longitude à l'orient du méridien de Paris, et à 41.° 4.' 35." de latitude [6], et à la latitude de Sémendria sur le Danube, qui a été donnée par la Connaissance des temps pour 1787, de 44.° 50.' [7]. J'ai pris la distance de Iagodin à Sémendria, et ensuite la longitude de Sémendria, sur les meilleures cartes. M. d'Anville avait dans ses portefeuilles, une carte manuscrite d'une route, à peu près semblable, de Constantinople à Belgrade; mais elle est beaucoup moins détaillée, et dans plusieurs points elle diffère essentiellement de celle-ci.

Revenons actuellement à la côte d'Asie. La ville de Smyrne d'aujourd'hui, qui est différente, comme je l'ai dit [8], de celle qui se trouve dans mes cartes, est indiquée dans la Connaissance des temps pour 1792 et années suivantes, d'après les observations des citoyens Tondu et Truguet, à 24.° 46.' 33." de longitude à l'orient du méridien de Paris, et à 38.° 27.' 7." de latitude [9]. C'est à cette position que j'ai as-

---

[1] Voyez ci-dessus, p. 24.
[2] *Bellin, carte réduite de la mer de Marmara, publiée en 1772.*
[3] *Connaiss. des Temps, pour 1787, p. 317.*
[4] *Idem.*
[5] Voyez ci-dessus, p. 32.

[6] *Connaiss. des Temps, pour 1792, p. 319.*
[7] *Idem. 1787, p. 316.*
[8] Voyez ci-dessus, p. 24.
[9] *Connaiss. des Temps, pour 1792, p. 301 et 325.*

sujetti, sur ma nouvelle Carte générale, le plan du golfe de Smyrne, autrefois Her-méen, qui a été levé par M. Leroi en 1738 [1]. Celui de Cume a été figuré d'après la carte de l'Archipel du pilote Olivier [2], où il paraît être assez exact; mais la ville de Phocée, qui n'était point dans ce golfe, comme j'ai eu tort de le dire dans mon ancienne Analyse, n'a pu se trouver à 200 stades de Smyrne, suivant l'indication de Strabon [3]; il paraît que le texte de cet auteur est fautif en cet endroit, et qu'il faut y substituer 300 stades. L'île de Chio a été déterminée par les relèvements de plusieurs vaisseaux [4], et la latitude de la ville même de Chio a été observée à terre, par le C.ⁿ Beauchamp, à 38.° 22.′ 30." [5].

J'ai ensuite déterminé la longitude des îles de Samos, Icaros et Corsées, par la route du vaisseau l'Espérance, commandé par M. d'Albert en 1731, qui naviguait de ces îles à celle de Chio [6]; leur latitude a été conclue par Niebuhr de celle qu'il observait en mer, en passant entre elles [7]. La pointe de l'ouest de l'île de Samos est par 37.° 46.′ de latitude, celle du nord-est d'Icaros, aujourd'hui Nicaria, par 37.° 44.′ et celle du nord des Corsées, aujourd'hui les îles Fourni, par 37.° 42.′ La distance de l'île de Samos à l'île d'Icaros est prise de Strabon, qui l'indique de 80 stades [8]. L'île de Samos a été réduite du plan de cette île qui se trouve dans le Voyage pittoresque de la Grèce [9]; mais ce plan a été assujetti à un autre manuscrit de la rade de cette île, levé en 1738 par M. Leroi, et qui comprend non-seulement toute la côte méridionale de cette île, mais encore les îles Corsées, Patmos, Hye-tusse, et même la côte du continent depuis le promontoire Posidium jusqu'au Tro-gilium. La position que prend ce dernier cap de Trogilium, rétrécit un peu la mer Égée. On a vu que Strabon compte 1600 stades pour la traversée de cette mer, du cap Trogilium au Sunium dans l'Attique : mon ancienne Carte générale en fait me-surer 1480 en droite ligne [10], et celle-ci n'en donne que 1375. Les îles au midi de Patmos jusqu'à Cos, sont placées d'après plusieurs relèvements de vaisseaux [11], com-parés aux rayons que Tournefort a tirés sur ces mêmes îles, de ses stations de Samos et de Patmos [12].

Le promontoire Triopium, près de Cnide, aujourd'hui le cap Crio, a été assez bien fixé par M. de Chabert à 36.° 38.′ 30." de latitude, et à environ 25.° 2.′ de lon-gitude à l'orient du méridien de Paris [13]. Ce navigateur a également déterminé plu-sieurs îles entre ce cap et l'île de Rhodes, mais ses relèvements dépendent de l'ob-servation qu'il a faite à la ville de Rhodes même. Étant auprès de la tour du Diable, qui est le château le plus septentrional des ports de Rhodes, il observa la latitude de 36.° 26.′ 38.", et en même temps l'horloge marine lui fit conclure la longitude de 25.° 49.′ 34." à l'orient du méridien de Paris [14]. J'avais fait cette ville trop septen-trionale, d'environ deux minutes, dans mes premières cartes, fondé sur le calcul des observations de M. de Chabelleu qui se trouve dans les Mémoires de l'Académie des

---

[1] Voyez ci-dessus, p. 24.
[2] Olivier, Carte de l'Archipel, publiée en 1746.
[3] Strab. lib. 14, p. 663. Voyez aussi ci-dessus, ibid.
[4] Relèvements manuscrits. Levanto, Specchio del mare, p. 124.
[5] Observ. de Beauchamp, manuscrites.
[6] Relèvements manuscrits.
[7] Niebuhr, Voyage en Arabie, t. 1, p. 29.

[8] Strab. lib. 14, p. 639.
[9] Choiseul-Gouffier, Voyage pittor. de la Grèce, pl. 52, p. 97.
[10] Voyez ci-dessus, p. 25.
[11] Relèvements manuscrits.
[12] Tournef. Voyage, t. 1, p. 436 et 441.
[13] Notes manuscrites.
[14] Idem.

sciences [1]; cependant Desplaces, dans ses Ephémérides [2], ne conclud cette latitude, d'après le même M. de Chazelles, apparemment par un autre calcul, que de 36.° 26.′ et c'est précisément encore celle que Niebuhr a observée dans le port de Rhôdes [3]. Ainsi cette latitude est assez juste celle de cette ville ; mais ce qui paraîtra bien singulier, c'est que la longitude que j'avais donnée à la ville de Rhôdes, dans mes anciennes cartes, d'après les routes des navigateurs et les mesures laissées par les auteurs anciens, est absolument la même que celle qu'a déterminée M. de Chabert.

L'île de Rhôdes est réduite d'une grande carte manuscrite de cette île et des côtes voisines du continent, assez bien levée par un pilote français nommé Lavalle, dont j'ai déja eu occasion de parler, et qui m'a été communiquée au Dépôt de la marine. Je l'ai assujettie, pour l'île de Rhôdes, à la détermination de la ville de Rhôdes de M. de Chabert ; et comme les côtes du continent sont poussées un peu trop au nord, je les ai ramenées à la latitude de la petite île de Symé, aujourd'hui Simia, que M. de Chabert a observée de 36.° 30.′ 42.″ [4]. Cette carte m'a donné les côtes de la Carie, depuis le promontoire Cynossema jusqu'au Cragus, avec un détail que l'on ne connaissait pas ; et le golfe Glaucus y prend une figure toute différente de celle que lui donnent les cartes précédentes. Le reste de la côte de la Lycie est appuyée sur la distance de 22 lieues que Levanto compte [5] du cap le plus méridional de l'île de Rhôdes, à l'île de Castel-Rosso, autrefois Cisthéné, et sur la latitude d'environ 36.° 15.′ que M. d'Anville dit avoir été observée près du cap Chélidoni [6].

La distance de Rhôdes au promontoire Samonium de Crète, est indiquée par Strabon et par Agathémère de 1000 stades [7], et cette mesure est employée en droite ligne, dans ma nouvelle Carte générale, à partir de la ville même de Rhôdes. Dans cet intervalle se trouvent les îles de Carpathos et de Casos, qui sont à peu près placées comme dans l'ancienne carte [8].

L'intérieur de l'Asie a été retravaillé d'après les routes des voyageurs, combinées avec les distances données par les auteurs anciens, et Ephèse se trouve à peu de chose près, par la latitude indiquée dans la Connaissance des temps pour 1787, de 38.° juste [9].

La partie de l'Italie qui se trouve dans ma carte, n'a point été étudiée dans un aussi grand détail que les provinces de la Grèce, mais les matériaux sur ce pays sont en général beaucoup plus sûrs, et par conséquent ils demandent moins de combinaisons. Les environs de Rome, ainsi que le pays qui s'étend jusqu'à la mer Adriatique, près de la ville d'Ancône, sont réduits de la grande carte de l'état de l'Eglise des PP. Maire et Boscovich [10]. On peut voir la détermination de plusieurs lieux de cette carte dans la Connaissance des temps pour 1789 et années suivantes, et si l'on veut un plus grand détail, on peut consulter l'ouvrage même des PP. Maire et Boscovich, sur la mesure d'un arc du méridien dans l'état du Saint Siège [11]. Rome est

---

[1] Voyez ci-dessus, p. 25.
[2] *Desplaces, Ephémérides*, tom. 3, Supplément, p. xx.
[3] *Niebuhr, Voyage en Arabie*, t. 1, p. 31.
[4] *Notes manuscrites.*
[5] *Levanto, Specchio del mare*, p. 139.
[6] *D'Anville, Anal. des côtes de la Grèce*, p. 52.
[7] *Strab.* lib. 2, p. 106. *Agathem. de Geogr.* lib. 2, cap. 14, p. 58, ap. *Geogr. min. Græc.* t. 2.

[8] Voyez ci-dessus, ibid.
[9] *Connaiss. des Temps*, pour 1787, p. 317.
[10] *Nuova Carta Geografica dello stato Ecclesiastico, delineata dal P. Cristoforo Maire*, etc. en 3 feuilles.
[11] *De litteraria expeditione per Pontificiam Ditionem* etc. *suscepta a Patribus Cristophoro Maire et Rogerio Josepho Boscovich*, Romæ, 1755, in-4.° ou la traduction française, intitulée *Voyage astronomique dans l'Etat de l'Eglise*, Paris, 1770, in-4.°

par 10.° 7.' 30." de longitude à l'orient du méridien de Paris, et à 41.° 53.' 54." de
latitude [1].

Le reste de l'Italie est établi sur les détails de la carte du royaume de Naples, de
Rizzi-Zannoni, en quatre feuilles [2], rectifiée en plusieurs endroits par des observations astronomiques, et par la combinaison de quelques distances données par les auteurs anciens. L'ouvrage de M. d'Anville, intitulé *Analyse géographique de l'Italie* [3],
m'a beaucoup servi. J'ai assujetti cette carte de Zannoni, à la nouvelle carte du même
auteur, des côtes de ce royaume, levée par ordre du roi de Naples en 1785, et qui a été
gravée en vingt-trois feuilles [4]. La ville de Naples, ou Parthénope, est placée dans
la détermination indiquée par la Connaissance des temps pour l'an 8.e [5], et Tarente
a été observée par Berkley [6]. L'observation de cet astronome nous donne la position
de cette ville à 15.° 16.' 30." de longitude à l'orient du méridien de Paris, et à 40.°
29.' de latitude ; mais comme cette détermination est absolument la même que celle
de la carte des côtes du royaume de Naples, de Rizzi-Zannoni, je n'ai fait que ré-
duire cette carte exactement sur la mienne. Nous avons déja vu [7], que la longitude
observée par le C.[n] Beauchamp devant la ville de Monopoli, qui est peu éloignée
d'Egnatia, sur la côte septentrionale d'Italie, vérifiait assez bien celle que cette carte
donne à la même ville. Ce qui pourra peut-être étonner, c'est que le talon de l'Italie
se trouve poussé par cette carte beaucoup plus à l'orient qu'il n'était dans toutes les
cartes précédentes ; mais par la position que cette carte donne à la ville d'Hydronte,
aujourd'hui Otrante, cette ville est précisément dans la distance de 400 stades pythiques de l'île Saso, comme l'indiquent Strabon et l'Itinéraire maritime d'Antonin [8],
et elle se trouve même dans l'aire de vent donné par le pilote Levanto [9]. Cette carte
est donc très-exacte, et on ne pouvait tomber plus d'accord avec elle. Ce qui vérifie
encore son exactitude, c'est la distance de 20 lieues de 4 milles d'Italie chacune, que
le même pilote Levanto indique de Brindes à Durazzo dans l'aire de vent nord-est [10],
et qui se trouve encore juste dans ma carte, et précisément dans le même aire de
vent.

La Sicile est dressée sur la réduction de la carte de cette île du maréchal de
Schmettau, faite par les héritiers de Homann [11], en l'assujettissant à trois déterminations de longitude et de latitude. La première est celle de Palerme, qui se trouve
dans la Connaissance des temps pour l'an 8.e [12] ; la seconde qui a été prise à Trapano,
dans la partie occidentale de cette île, et que je crois être de M. de Chabert, fixe
cette ville à 10.° 15.' de longitude à l'orient du méridien de Paris, et à 38.° 3.' 30." de
latitude ; et la troisième est celle de Syracuse, qui fixe cette ville à 12.° 56.' 12." à

---

[1] *Connaiss. des Temps*, pour l'an 8.e p. 200.

[2] *Carta Geografica della Sicilia prima o sia Regno di Napoli*, dise-
gnata da Gio. Ant. Rizzi-Zannoni, en Parigi, 1769, quatre feuilles.

[3] *Analyse Géographique de l'Italie*, par d'Anville, Paris, 1744,
in-4°.

[4] *Atlante marittimo del Regno di Napoli*, disegnato per ordine dal
Re, da Gio. Antonio Rizzi-Zannoni, Geographo Regio, etc. e scan-
dagliato da Salvatore Trama piloto di vascello, 1785, vingt-trois
feuilles.

[5] *Connaiss. des Temps*, pour l'an 8.[e] p. 199.

[6] *Note manuscrite.*

[7] Voyez ci-dessus, p. 46.

[8] *Strab.* lib. 6, p. 281. *Strab. Epitom.* lib. 6, p. 79; ap. *Geogr. min.
Græc.* tom. 2. *Plin.* lib. 3, cap. 5, t. 1, p. 149; cap. 11, p. 166. *Vetera
Roman. itin.* p. 489.

[9] *Levanto, Specchio del mare*, p. 95.

[10] *Idem.*

[11] *Regni et insulæ Siciliæ tabula Geographica ex Archetypo gran-
diori in hoc compendium redacta, studio Homanniarum Heredum,*
1747, une feuille.

[12] *Connaiss. des Temps*, pour l'an 8.e p. 199.

l'orient du méridien de Paris, et à 37.° 3.' de latitude [1]. L'île de Malte est placée d'après l'indication de la Connaissance des temps pour l'an 8.° [2].

J'ai donné à cette carte le titre de *Carte générale de la Grèce avec une grande partie de ses Colonies tant en Europe qu'en Asie*, parce qu'en effet c'est dans la partie méridionale de l'Italie, dans la Sicile, et sur les côtes de l'Asie qui regardent la Grèce, qu'étaient ses principales Colonies. Cependant on trouvera peut-être que je n'ai pas très-bien distingué ces Colonies sur la côte de l'Asie et sur celle de la Thrace; mais ces Colonies étaient alors asservies au roi de Perse et à Philippe, roi de Macédoine, et mon objet n'était que de faire ressortir les pays qui étaient habités par des Grecs libres à l'époque du Voyage du jeune Anacharsis. Je n'entrerai pas dans un plus grand détail sur les divisions de cette carte; on peut consulter la note page 26, dans laquelle je me suis suffisamment expliqué à ce sujet.

---

[1] *Note manuscrite.*

[2] *Connaiss. des Temps , pour l'an 8.* p. 199.

FIN DE L'ANALYSE.

NOTE

Cᴇꜱ deux Frontons n'existent pour ainsi dire plus aujourd'hui, ou du moins il en reste très-peu de chose. Ils furent détruits en 1687, pendant le siége que les Vénitiens firent de la citadelle d'Athènes, sous la conduite du général Koningsmark, par une bombe qui tomba sur le temple de Minerve, et qui en détruisit toute la couverture [1]. Cependant plusieurs voyageurs avaient vu ces Frontons dans l'état où nous les donnons aujourd'hui, et ils en ont fait une description qui paraissait très-intéressante, mais qui ne pouvait nous suffire, parce qu'elle n'était point accompagnée d'un dessin [2]. Néanmoins ils remarquent tous que M. Ollier de Nointel, ambassadeur de France à la Porte en 1670, avait fait dessiner tous les bas-reliefs du temple de Minerve, et particulièrement ceux des Frontons, par un peintre flamand, lorsqu'il passa à Athènes en 1674, et que ce peintre employa quinze jours consécutifs à ce travail [3]. Ces dessins étaient perdus depuis du temps; ils viennent de se retrouver au cabinet des estampes de la Bibliothèque Nationale, et la communication qu'on nous en a donnée, nous a engagé à les faire graver dans une planche additionnelle, comme un objet qui ne pouvait qu'ajouter à l'intérêt du Voyage du jeune Anacharsis.

Les Français et les Anglais se sont épuisés en conjectures pour rétablir l'un de ces Frontons, et ils ont rassemblé tout ce que les auteurs anciens et les voyageurs qui l'avaient vu, en ont dit; mais leur restauration est fort éloignée de l'original. Celle du C.ⁿ David Leroi [4] est en général très-sage; celle de Stuart est plus conforme aux descriptions qu'il a suivies [5], mais elle est trop compliquée, et ne tient en rien de la grande composition des anciens. Nous avons également rétabli ce Fronton dans les planches 18 et 19, mais d'après les dessins de M. de Nointel, et nous n'y avons ajouté aucune figure. Avant que de rendre compte du bas-relief qui le décore, il faut entrer dans l'examen d'une difficulté que Stuart a élevée sur la principale entrée de ce temple, et dont la solution nous servira à déterminer quel était le Fronton antérieur ou de devant du temple, et le Fronton postérieur ou de derrière.

Les deux façades du Parthénon ou temple de Minerve, sont exposées, l'une à l'est, et l'autre à l'ouest. Stuart, dans son grand ouvrage, nous a donné les dessins, non-seulement de ce qui reste de figures dans les deux frontons de ces façades, mais encore de tous les bas-reliefs du temple de Minerve qui existaient en 1753, et ces dessins sont faits avec le plus grand soin [6]. Dans ceux de la frise du portique intérieur, qui représentent la pompe des Panathénées, il remarque [7] que toutes les figures sont tournées vers l'orient, et que c'est vers ce côté que la pompe dirige sa marche. En effet, dans la partie de la frise qui fait face à l'orient [8], sont plusieurs figures assises plus grandes que les autres, et que Stuart prend [9] avec beaucoup de vraisemblance pour des divinités. C'est à ces figures qui sont placées dans le milieu de cette face, que la pompe ou procession vient aboutir, et il n'existe aucune autre figure semblable dans tout le reste de la frise [10]. Stuart en conclud [11] que les divinités étant placées dans cette partie orientale de la frise, c'était aussi de ce côté que devait être la principale entrée du temple. Cette opinion paraît d'abord très-probable, mais il faut voir si elle s'accorde avec ce que les auteurs anciens nous rapportent des deux façades du Temple.

Pausanias, après être entré dans la citadelle d'Athènes, et en avoir décrit plusieurs monuments, nous dit [12] que *les figures du fronton de la façade du temple de Minerve ou Parthénon, représentent tout ce qui a rapport à la naissance de Minerve, et que dans le fronton de derrière, on a exprimé la dispute qui eut lieu entre Neptune et Minerve, pour savoir lequel donnerait le nom à l'Attique.* Pausanias n'entre pas dans un plus grand détail.

Si nous avions toutes les figures des deux frontons de ce temple, nous verrions promptement la différence des sujets; mais celui qui fait face à l'est, est mutilé depuis longtemps, comme on le voit par la gravure que nous en donnons; et le peu de figures qu'il représente est tellement jeté dans les angles latéraux, qu'il ne peut servir à reconnaître le sujet principal. Cependant Spon croit encore y distinguer la tête d'un cheval marin, et par cette raison il regarde ce fronton [13], comme étant celui sur lequel était représentée *la dispute de Neptune et de Minerve.*

Celui qui fait face à l'ouest, au contraire, n'offre rien qui puisse se prêter au même sujet. On sait que dans cette lutte Minerve fit croître un olivier; on ne voit aucun arbre sur ce fronton, et toutes les figures en paraissent être fort tranquilles. Ce fronton ne peut donc représenter *la dispute de Neptune avec Minerve*, et par conséquent il ne peut être le fronton postérieur ou de derrière du temple. Alors il deviendra l'antérieur ou de devant du temple, et il faudra que le

---

[1] *Fanelli, Atene attica, libro terzo,* n.° 660 et 661, p. 308 et 309, in-4.° *Venezia,* 1707.

[2] *Corn. Magni, Viaggi per la Turchia. Bologna,* 1685, in-12. t. 2, p. 499. *Spon, Voyag.* t. 2, p. 84. *Whel. a journ.* book 5, p. 361.

[3] *Corn. Magni,* ibid. *Spon,* ibid. t. 1, p. 157. *Whel. a journ.* book 2, p. 202.

[4] *Leroi, Ruines de la Grèce,* t. 1, pl. 20.

[5] *Stuart, the Antiquities of Athens,* t. 2, chap. 1, pl. 3, et p. 11.

[6] *Id.* ibid. pl. 9 jusqu'à 30.

[7] *Id.* ibid. p. 14.

[8] *Id.* ibid. pl. 23, 24, 25 et 30.

[9] *Id.* ibid. p. 12, 13 et 14.

[10] *Id.* ibid. pl. 30.

[11] *Id.* ibid. p. 14.

[12] *Pausan.* lib. 1, cap. 24, p. 57.

[13] *Spon, Voyag.* t. 2, p. 85.

bas-relief en représente quelque objet *qui ait rapport à la naissance de Minerve*. En effet, si l'on n'y cherche point la naissance même de Minerve, c'est-à-dire, Pallas toute armée sortant du cerveau de Jupiter, on y reconnaîtra du moins ce qui a dû suivre sa naissance, la présentation que ce dieu fait de Minerve, sous un habit décent, aux déesses de l'Olympe assemblées. C'est dans ce sens que Spon et Wheler ont déja décrit [1] ce bas-relief ; et quoique Stuart, dans la restauration qu'il en a faite, ait représenté Minerve armée de toutes pièces, il n'en a pas moins cherché à rétablir ce bas-relief à peu près dans la même opinion [2].

La façade du temple de Minerve qui est tournée vers l'ouest, était donc la principale ou celle du devant de ce temple? En effet, c'était celle qui faisait face aux Propylées ; c'était elle que l'on découvrait la première en entrant dans la ville du côté du Pirée ; et nous savons encore que c'était sur cette façade qu'étaient dirigés les Longs-murs, comme l'ont vérifié les citoyens Foucherot et Fauvel, en 1781 et depuis, par les débris de ces mêmes murs [3]. De semblables avantages n'eussent sans doute point été accordés à la façade de derrière. Il n'est donc plus douteux que la façade antérieure ou de devant du temple, était celle qui faisait face à l'ouest ; et si, dans le portique intérieur, les figures des dieux se trouvent dans la partie de l'est, comme le remarque Stuart [4], c'est que l'on a, sans doute, voulu imiter la position intérieure des statues des divinités, qui étaient toujours placées dans la partie la plus reculée et la plus enfoncée des temples.

Après avoir déterminé quelle était la façade antérieure et la postérieure du temple de Minerve ou Parthénon, nous allons décrire en peu de mots les bas-reliefs qui en décoraient les frontons.

Nous avons dit que celui de la façade antérieure offrait la présentation de Minerve, faite par Jupiter, aux déesses de l'Olympe. En effet, Jupiter se trouve dans le milieu de ce fronton ; et quoique cette figure soit un peu mutilée, on reconnaît facilement ce dieu, à la majesté que le sculpteur a empreinte sur son visage. A sa droite est une grande figure de femme, que Spon et Wheler prennent pour une Victoire [5], et qui est peut-être hors des proportions, mais c'est un défaut de l'original que nous avons cru devoir conserver. Ensuite vient la déesse Minerve qui est assise dans un char traîné par deux chevaux. Elle a la figure d'une jeune fille, modestement vêtue, et dont l'attitude n'a rien qui doive alarmer la pudeur des divinités auxquelles elle va bientôt être associée. Plusieurs parties du char manquent, parce que toutes ces parties étaient de relief entier [6], mais on en voit encore quelques-unes. Derrière la déesse sont plusieurs femmes, et un enfant qui est peut-être le petit Bacchus ; et ensuite dans l'angle du fronton, viennent trois figures qui existent encore aujourd'hui, et dont Stuart a donné un dessin très en grand [7]. Spon et Wheler ont cru reconnaître [8], dans les deux premières de ces figures, celles de l'empereur Hadrien et de Sabine sa femme ; mais Stuart remarque [9], qu'il n'y a rien de moins certain ; et en effet, il n'est guères probable que l'on ait placé les figures d'Hadrien et de sa femme, dans un fronton qui ne renferme pas même celles de tous les dieux. Pour nous, nous croyons que ces figures peuvent être celles d'Hercule et d'Hébé, déesse de la jeunesse.

A la gauche de Jupiter est le groupe des déesses, auquel ce dieu présente Minerve. Spon et Wheler en font [10] le cercle des dieux ; et sur ce seul mot, Stuart, dans la restauration qu'il a faite de ce fronton [11], s'est cru autorisé à placer dans cet endroit tous les dieux et les déesses de l'Olympe ; mais il n'y a que des femmes et quelques enfants dans ce groupe, et il est à croire, d'après l'ordonnance de ce bas-relief, que les Grecs ne confondaient pas plus les sociétés dans le ciel, qu'elles ne l'étaient chez eux-mêmes. La figure qui suit immédiatement Jupiter, nous a paru être Junon, et ensuite vient Vénus qui est assise. Une partie de cette dernière figure manque, mais on ne peut méconnaître cette déesse, à cause du poisson qu'elle a à ses pieds, et qui est un symbole de son origine. On prendrait d'abord ce poisson pour un crocodile, dans le dessin de M. de Nointel ; mais en l'examinant bien, on lui voit des nageoires ; et comme Stuart a figuré dans le même endroit de sa restauration [12], un dauphin, fondé, dit-il [13], sur quelques vestiges informes qu'il a trouvé au dessus de la corniche, on ne peut douter que ce ne soit un dauphin. La figure qui est derrière Vénus, tient deux enfants dans ses bras ; ce sont vraisemblablement Apollon et Diane dans les bras de leur mère Latone ; et celle qui suit, et qui est couverte jusqu'aux pieds, nous a paru représenter Cérès avec sa fille Proserpine sur ses genoux. Les autres figures sont, sans doute, des ministres des dieux et des déesses.

Nous ne parlerons point de la beauté de ce bas-relief en général, la gravure en fera juger convenablement. Toutes les figures sont vues un peu en raccourci, parce que, comme le remarque Spon [14], le peintre qui les a dessinées était obligé de *tirer tout de bas en haut, sans échafaud*.

Nous ne ferons point non plus la description du fronton postérieur ou de derrière du temple, parce qu'il ne présente pas un assez grand nombre de figures ; il suffira de dire qu'il en renfermait une de plus du temps de M. de Nointel que lorsque Stuart le dessina en 1753 [15].

Il ne nous reste qu'à parler du zèle du C.⁺ Bourgeois, qui a mis tous ses soins à rendre exactement ces frontons d'après les originaux de M. de Nointel, et qui n'a rien épargné pour en restaurer un convenablement dans les planches n.° 18 et 19.

---

[1] *Spon*, *Voyag.* t. 2, p. 84. *Whel. a journ.* book 5, p. 361.
[2] *Stuart*, *the Antiquities of Athens*, t. 2, chap. 1, p. 11 et pl. 3.
[3] *Foucherot et Fauvel*, *notes manuscrites.*
[4] *Stuart*, ibid. p. 14.
[5] *Spon*, ibid. *Whel.* ibid.
[6] *Spon*, ibid. p. 83.
[7] *Stuart*, ibid. pl. 9.
[8] *Spon*, ibid. p. 84. *Whel.* ibid.
[9] *Stuart*, ibid. p. 11.
[10] *Spon*, ibid. p. 85. *Whel.* ibid.
[11] *Stuart*, ibid. pl. 3.
[12] *Id.* ibid.
[13] *Id.* ibid. p. 11.
[14] *Spon*, ibid.
[15] *Stuart*, ibid. pl. 1.

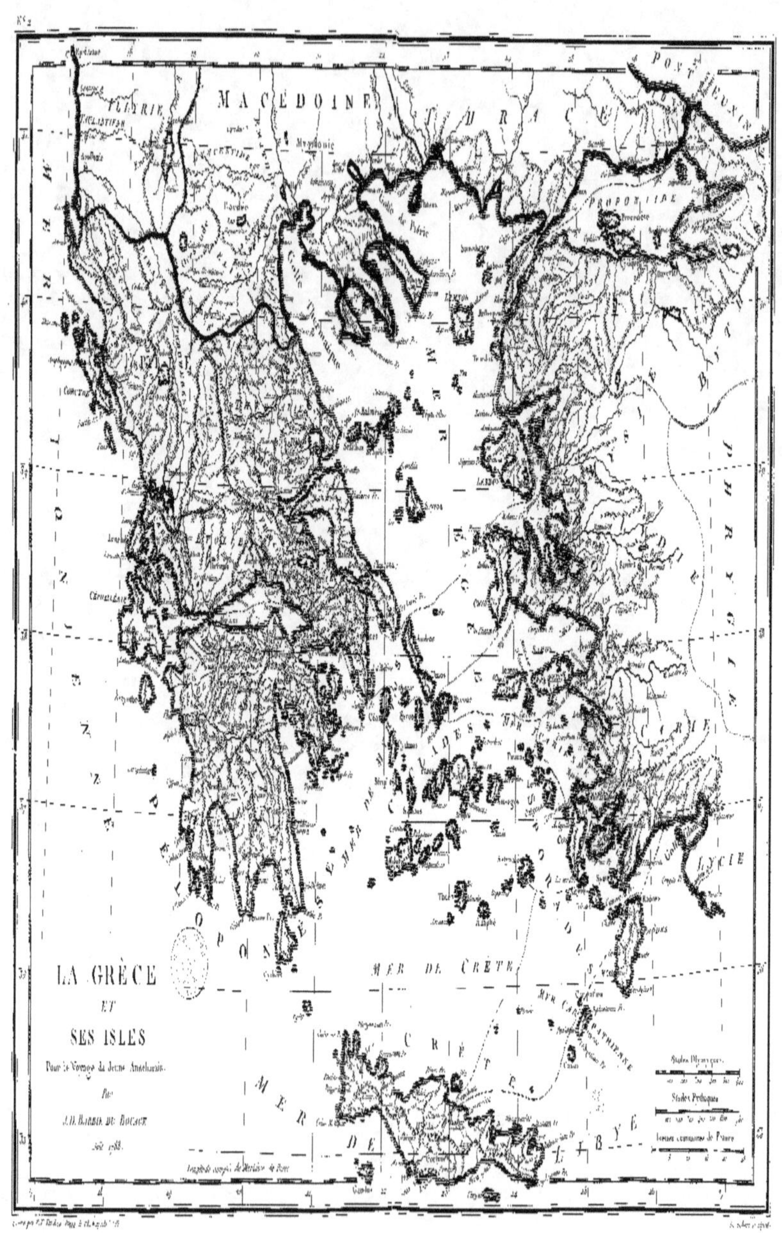
MACÉDOINE
ILLYRIE
THRACE
PONT EUXIN
PROPONTIDE
PHRYGIE
CARIE
LYCIE
PÉLOPONNÈSE
MER DE CRÈTE
CRÈTE
MER DE LIBYE
MER CARPATHIENNE
LA GRÈCE
ET
SES ISLES
Pour le Voyage du Jeune Anacharsis.
Par
J. D. BARBIÉ DU BOCAGE
1788

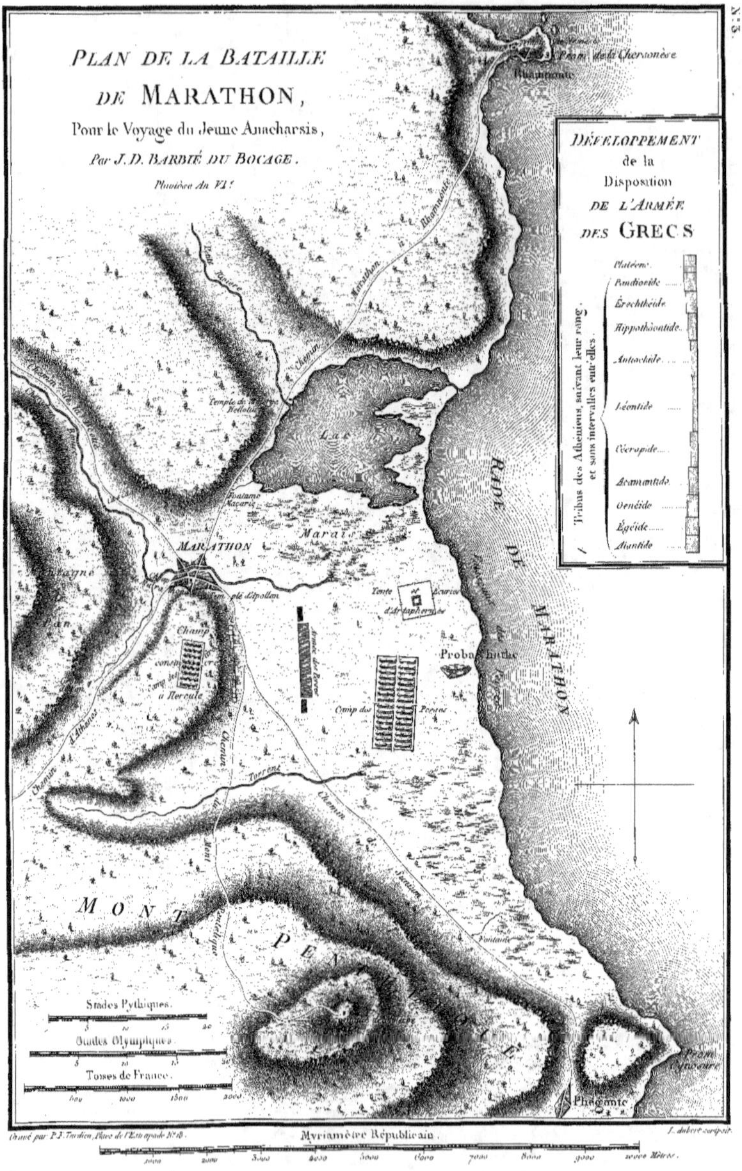

PLAN DE LA BATAILLE
DE MARATHON,
Pour le Voyage du Jeune Anacharsis,
Par J.D. BARBIÉ DU BOCAGE.
Pluviôse An VI.

N.º 3.

DÉVELOPPEMENT
de la
Disposition
DE L'ARMÉE
DES GRECS

Platéens
Pandionide
Érechthéide
Hippothéontide
Antiochide
Léontide
Cécropide
Acamantide
Oenéide
Égéide
Aiantide

Tribus des Atheniens, suivant leur rang, et sans intervalles entr'elles.

Rhamnonte
Point de la Chersonèse
Temple de Minerve Hellotis
MARATHON
Marais
Lac
Champ consacré à Hercule
Temple d'Apollon
RADE DE MARATHON
Probalinthe
Camp des Perses
MONT PENTÉLIQUE
Phagonte
Point Cynosure
Fontaine

Stades Pythiques.
Stades Olympiques.
Toises de France.

Gravé par P.F. Tardieu, Place de l'Estrapade N.º 18.

L. Aubert scripsit.

Myriamètre Républicain.
1000 2000 3000 4000 5000 6000 7000 8000 9000 10000 Mètres.

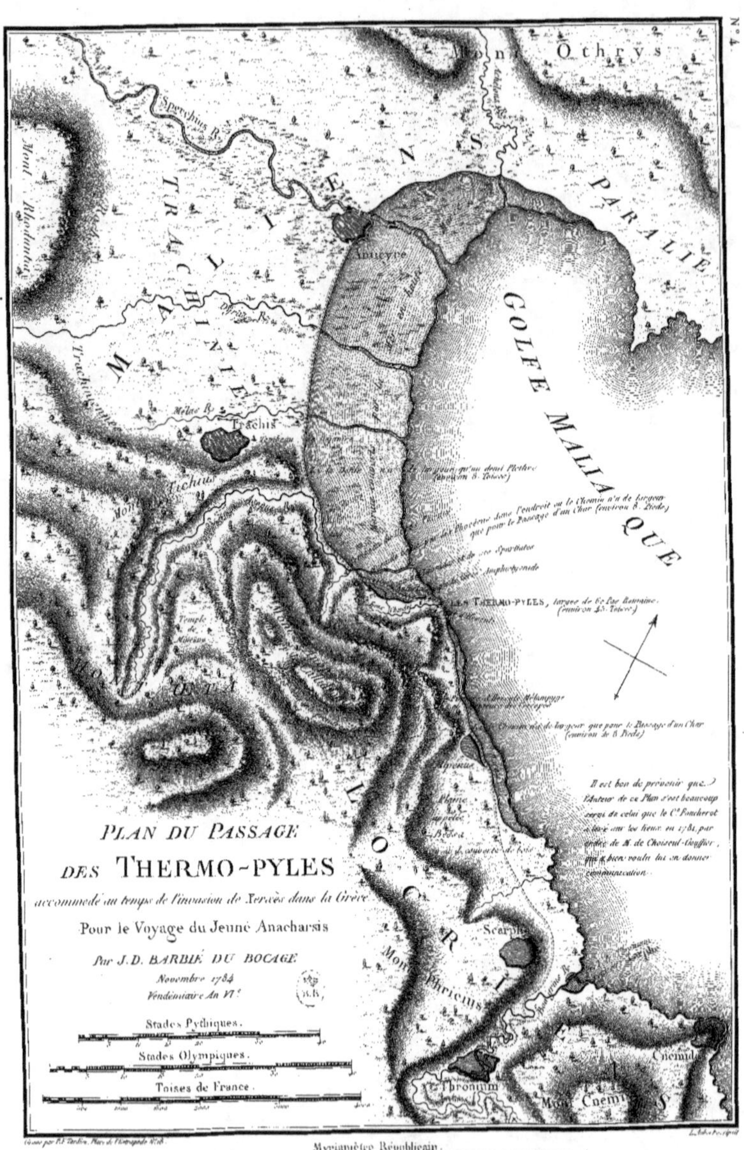

Othrys
PARALIE
TRACHINIENS
Sperchius R.
Mont Rhodontas
TRACHINIE
Trachiniae R.
Mélas R.
Trachis
Pichius
Mont
Temple
de
Minerve
LOCRIENS
GOLFE MALIAQUE
Anticyre
LES THERMO-PYLES, largeur de 6 Pas Romaine.
LOCRI
Scarpea
Mont
Phricius
Thronium
Mont Cnemis
Cnemid
PLAN DU PASSAGE
DES THERMO-PYLES
accommodé au temps de l'invasion de Xerxès dans la Grèce
Pour le Voyage du Jeune Anacharsis
Par J. D. BARBIÉ DU BOCAGE.
Novembre 1784
Vendémiaire An VI.e
Stades Pythiques.
Stades Olympiques.
Toises de France.
Myriamètre Républicain.

PLAN DU
COMBAT DE SALAMINE
Pour le Voyage du Jeune Anacharsis
Par J.D. BARBIÉ DU BOCAGE.
Mars 1785.
Vendémiaire An VI.
PLAINE DE THRIA
Thria
ÉLEUSIS
Voie Sacrée
GOLFE D'ÉLEUSIS
MONT ICARIU
Icarie
Cropia
MÉGARE
PLAINE DE MÉGARE
Chemin de Mégare
MONT CORYDALE
Hermos
Oa ou Œa
Xypete
Corydallus
le Céramique
Colytos
Cede
ISLE DE
ATHÈNES
GOLFE DE
MÉGARE
Acherdous
Colone
Echelidæ
SALAMINE
Alamonte
MER SARONIQUE
REMARQUES
Vaisseaux des Grecs
Vaisseaux des Perses
Troupes des Grecs
Troupes de Xerxès
Il est bon de prévenir que l'Auteur de ce Plan,
s'est beaucoup servi de celui de la Baye et de l'Isle,
Couleurs que le C.n Foucherot a levé sur les lieux en 1781
par ordre de M. de Choiseul-Gouffier, qui a bien voulu
lui en donner communication.
Stades Pythiques.
Stades Olympiques.
Lieues Communes de France.
Gravé par P.F. Tardieu, Place de l'Estrapade N.º 18.
L. Aubert scripsit.
Myriamètre Républicain.
Mètres.

N.° 6.

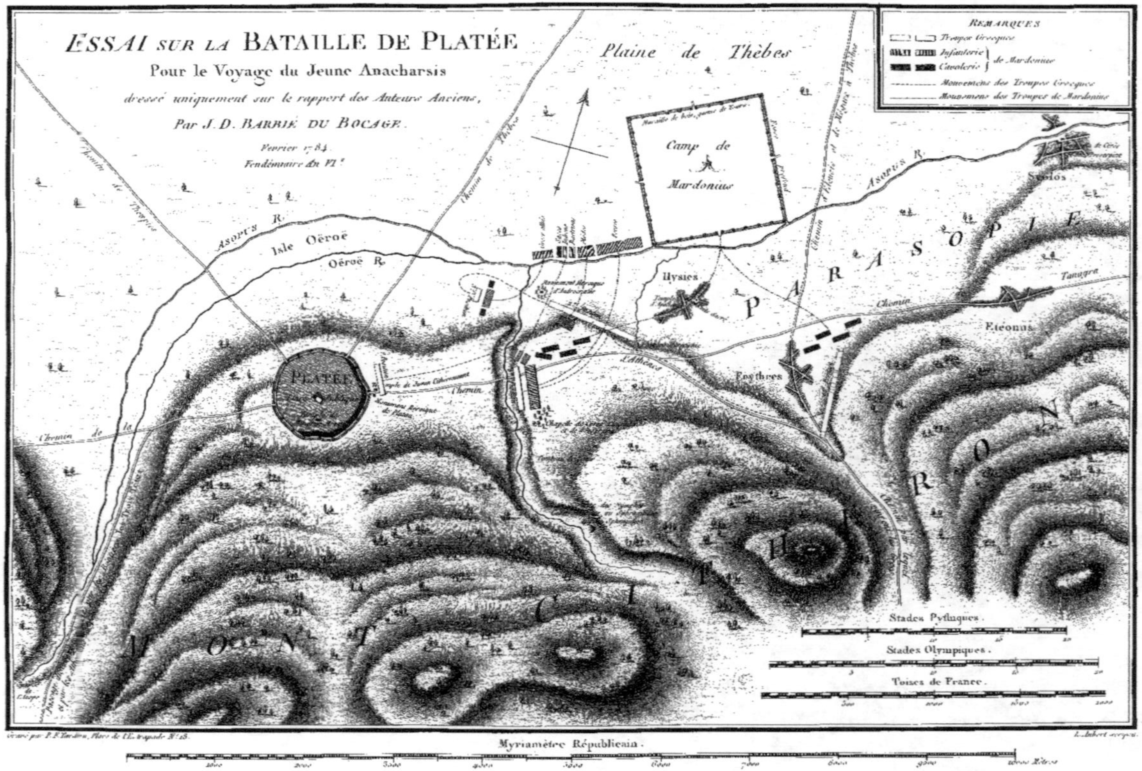

ESSAI SUR LA BATAILLE DE PLATÉE
Pour le Voyage du Jeune Anacharsis
dressé uniquement sur le rapport des Auteurs Anciens,
Par J.D. BARBIÉ DU BOCAGE.
Février 1784.
Fendémaire An VI.

Plaine de Thèbes

REMARQUES
Troupes Grecques
Infanterie } de Mardonius
Cavalerie }
Mouvemens des Troupes Grecques
Mouvemens des Troupes de Mardonius

Camp de Mardonius

Asopus R.
Isle Oëroë
Oëroë R.
PLATÉE
Hysies
PARASOPIE
Scolos
Tanagra
Etéonus
MONT CITHÉRON

Stades Pythiques.
Stades Olympiques.
Toises de France.
Myriamètre Républicain.

Gravé par P.F. Tardieu, Plan de l'Ewvoyade N.°18.   L. Aubert scripsit.

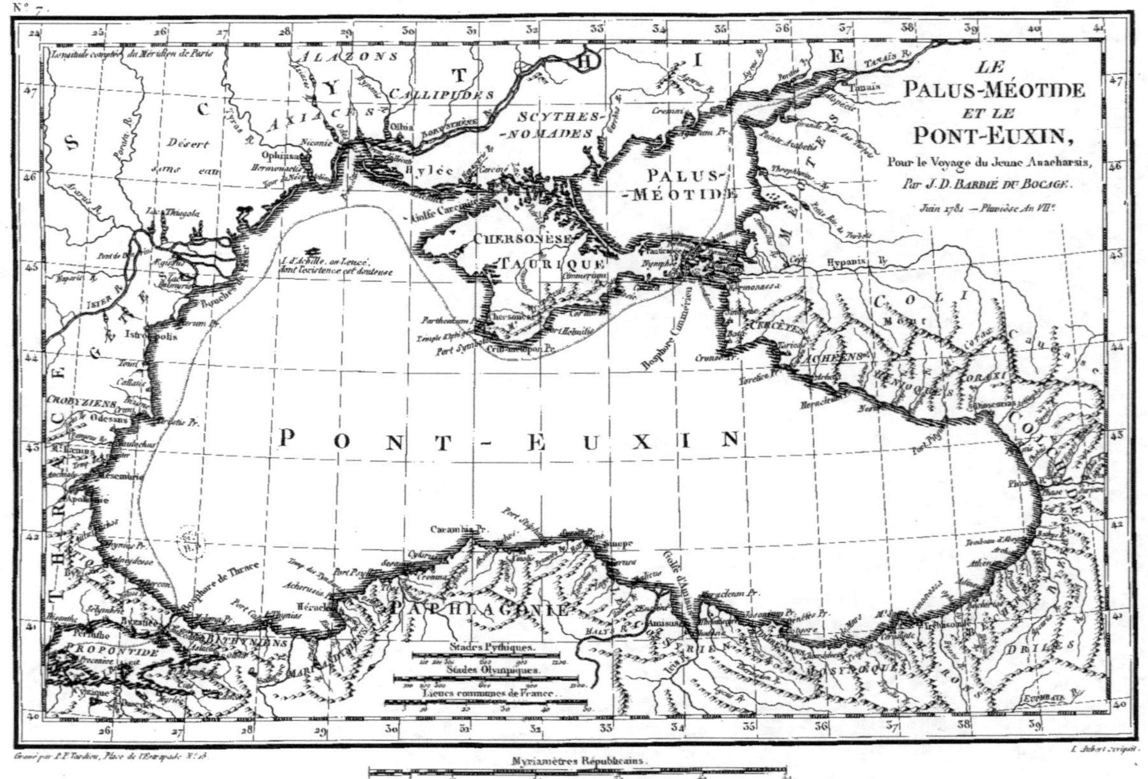

N.° 7.
LE PALUS-MÉOTIDE ET LE PONT-EUXIN,
Pour le Voyage du Jeune Anacharsis,
Par J. D. BARBIÉ DU BOCAGE.
Juin 1781 — Pluviôse An VII.
Longitude comptée du Méridien de Paris
SCYTHIE
ALAZONS
CALLIPIDES
SCYTHES-NOMADES
AXIACES
Hylée
Désert sans eau
Olbia
BORYSTHENE
Carciné
Cremni
PALUS-MÉOTIDE
CHERSONÈSE TAURIQUE
Cimmerium
Parthenium
Temple d'Iphig.
Port Symbol.
Criu-metopon Pr.
Bosphore Cimmérien
Nymphée
Phanagoria
CERCÈTES
ACHÉENS
HÉNIOQUES
CORAXI
COLI
Mont Caucase
Hypanis Fl.
COLCHIDE
Phase
TANAIS Fl.
Tanais
MÉOTIDE
THRACE
ISTER
Istropolis
CROBYZIENS
Odessus
Mesembrie
Apollonie
PONT-EUXIN
PROPONTIDE
BITHYNIENS
MARIANDYNES
Héraclée
Bosphore de Thrace
Byzance
Chalcédoine
PAPHLAGONIE
Sinope
Carambis Pr.
Cytorus
Cromna
HALYS Fl.
Amisus
SYRIENS
Thermodon
MASYNQUES
DRILES
Stades Pythiques.
Stades Olympiques.
Lieues communes de France.
Myriamètres Républicains.
Gravé par P. F. Tardieu, Place de l'Estrapade N.° 18.
L. Aubert scripsit.

N° 8.

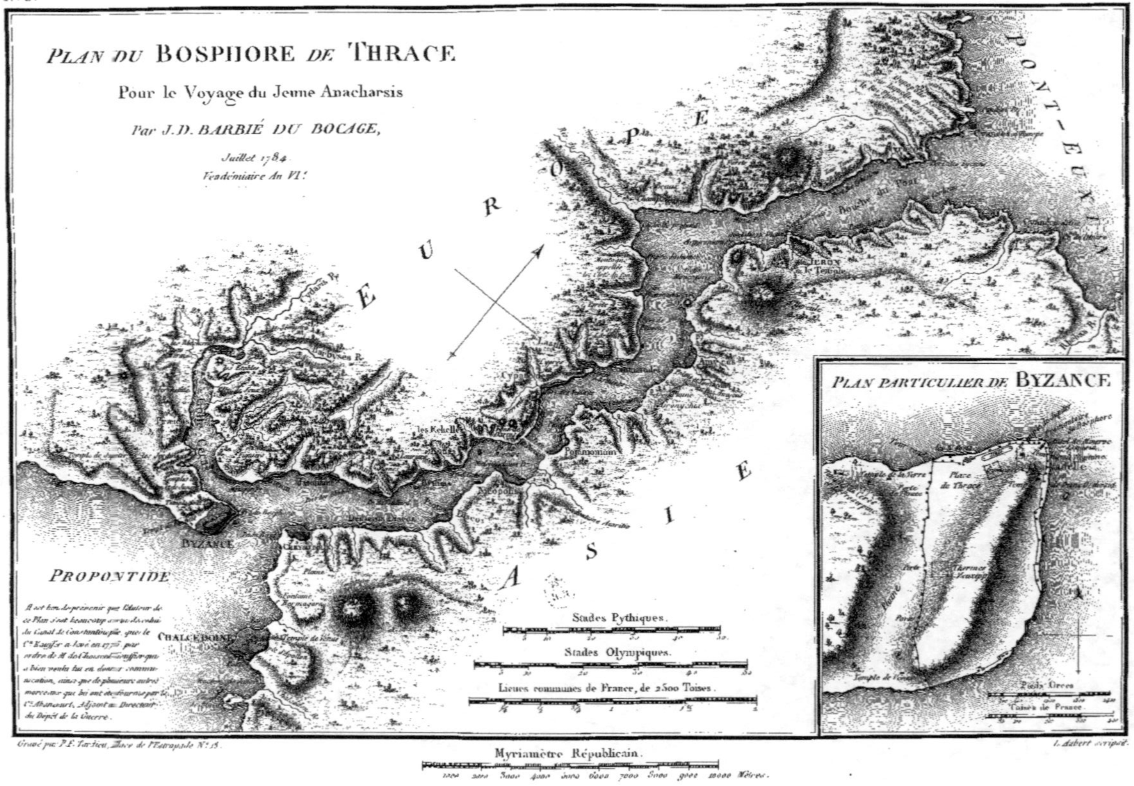

PLAN DU BOSPHORE DE THRACE
Pour le Voyage du Jeune Anacharsis
Par J.D. BARBIÉ DU BOCAGE,
Juillet 1784.
Vendémiaire An VI.
PONT-EUXIN
EUROPE
ASIE
BYZANCE
PROPONTIDE
CHALCEDOINE
Il est bon de prévenir que l'Auteur de ce Plan s'est beaucoup servi de celui du Canal de Constantinople, que le Cen Kauffer a levé en 177… par ordre de M. de Choiseul-Gouffier qui a bien voulu lui en donner communication, ainsi que de plusieurs autres morceaux qui lui ont été fournis par le Cen Abancourt, Adjoint au Directeur du Dépôt de la Guerre.
Stades Pythiques.
Stades Olympiques.
Lieues communes de France, de 2500 Toises.
PLAN PARTICULIER DE BYZANCE
Place de Thrace
Pieds Grecs
Toises de France
Gravé par P.F. Tardieu, Plan de l'Estrapade N° 18.
L. Aubert scripsit.
Myriamètre Républicain.
1000 2000 3000 4000 5000 6000 7000 8000 9000 10000 Mètres.

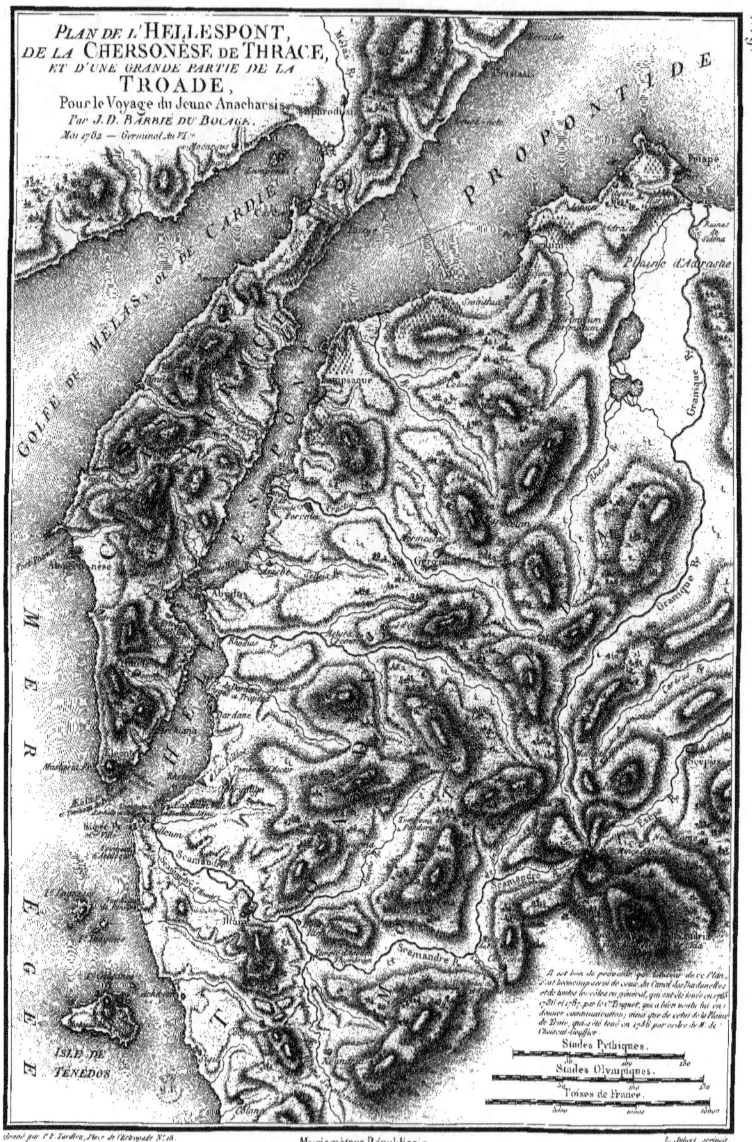

PLAN DE L'HELLESPONT,
DE LA CHERSONÈSE DE THRACE,
ET D'UNE GRANDE PARTIE DE LA
TROADE,
Pour le Voyage du Jeune Anacharsis
Par J. D. BARBIÉ DU BOCAGE.
Mai 1782 — Germinal An VI.
PROPONTIDE
GOLFE DE MÉLAS OU DE CARDIE
MER EGÉE
ISLE DE TÉNÉDOS
Plaine d'Adrastie
Stades Pythiques.
Stades Olympiques.
Toises de France.
Myriamètres Républicains.
Gravé par P.F. Tardieu, Place de l'Estrapade N.º 18.
L. Aubert scripsit.
N.º 9.

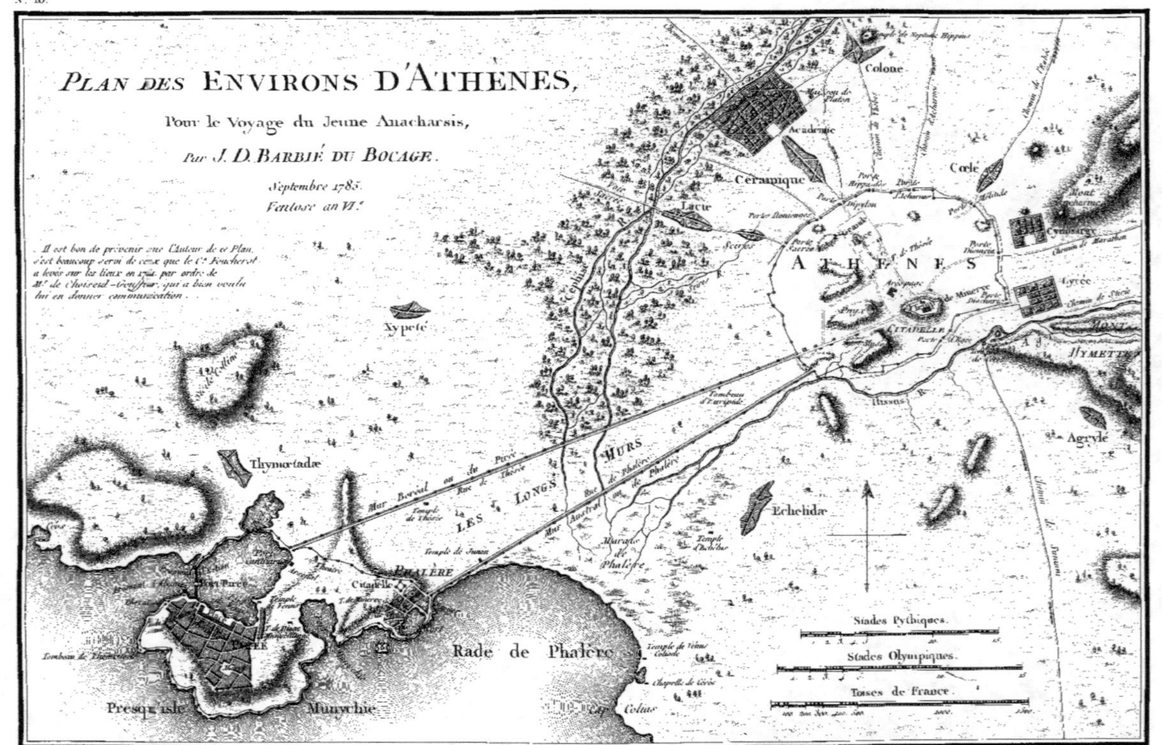

PLAN DES ENVIRONS D'ATHENES,
Pour le Voyage du Jeune Anacharsis,
Par J. D. BARBIÉ DU BOCAGE.
Septembre 1785.
Fentose an VI.
Il est bon de prévenir que l'Auteur de ce Plan, s'est beaucoup servi de ceux que le C.ⁿ Foucherot a levés sur les lieux en 1780 par ordre de M.ʳ de Choiseul-Gouffier, qui a bien voulu lui en donner communication.
Colone
Académie
Céramique
Cœle
Lacie
Mont
Mont Anchesme
ATHENES
CITADELLE
Cycée
Xypeté
Ilissus
HYMETTE
Thymœtadæ
MURS
Agrylé
LES LONGS
Echelidæ
Temple de Thésée
Mur Boréal ou de Piree
Rue de Thésée
PHALÈRE
Citadelle
Rade de Phalère
Presqu'isle
Munychie
Stades Pythiques.
Stades Olympiques.
Toises de France.
Myriamètre Républicain.

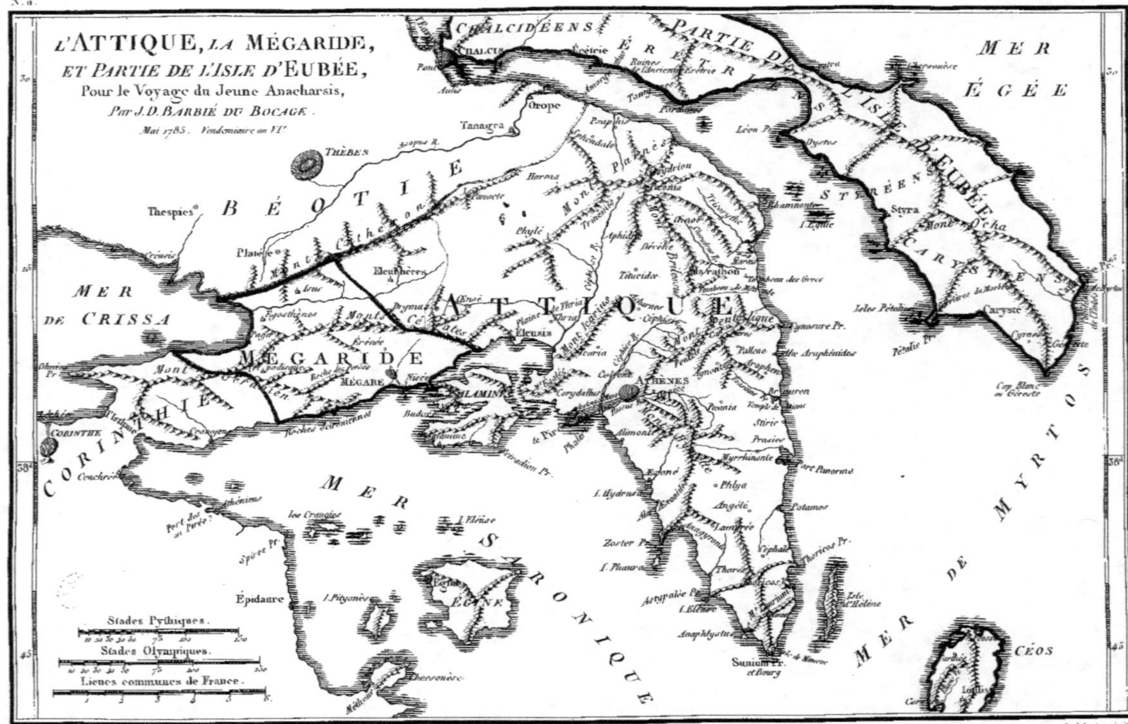

L'ATTIQUE, LA MÉGARIDE,
ET PARTIE DE L'ISLE D'EUBÉE,
Pour le Voyage du Jeune Anacharsis,
Par J. D. BARBIÉ DU BOCAGE.
Mai 1785. Vendémiaire an VI.
CHALCIDÉENS
PARTIE DE L'ISLE D'EUBÉE
MER ÉGÉE
MER DE MYRTOS
MER DE CRISSA
MER SARONIQUE
BÉOTIE
ATTIQUE
MÉGARIDE
CORINTHIE
ÉRETR
ST RÉEN
CARYSTIEN
THÈBES
Thespies
Platée
Eleuthères
Tanagra
Orope
Chalcis
Érétrie
Styra
Mont Ocha
Caryste
Mégare
ATHENES
SALAMINE
Éleusis
Marathon
Corinthe
Épidaure
ÉGINE
Sunium Pr. et Bourg
CÉOS
Mont Cithéron
Mont Pentélique
Mont Hymette
Cap Blanc ou Coracte
Stades Pythiques.
Stades Olympiques.
Lieues communes de France.
Myriamètres Républicains.
Gravé par P. F. Tardieu, Place de l'Estrapade N.º 18.
L. Aubert scripsit.

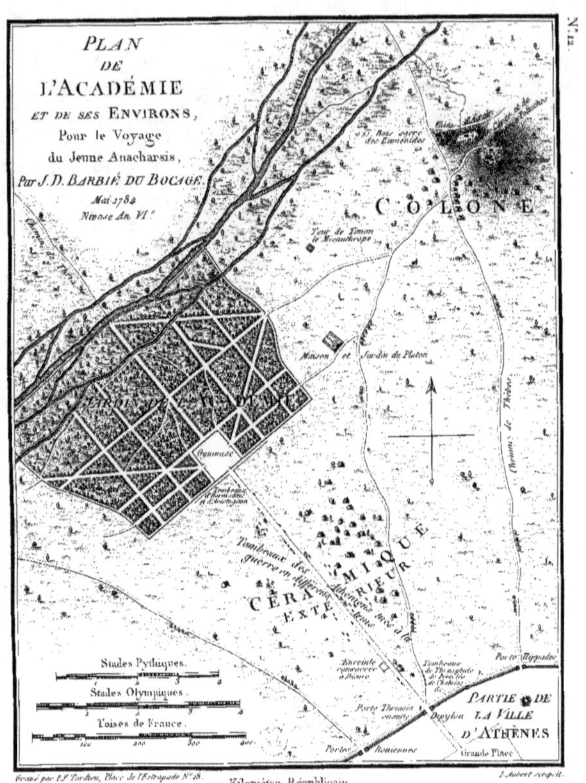

N.º 12
PLAN
DE
L'ACADÉMIE
ET DE SES ENVIRONS,
Pour le Voyage
du Jeune Anacharsis,
Par J. D. BARBIÉ DU BOCAGE.
Mai 1784
Nivose An VI.e
COLONE
Bois sacre
des Euménides
Tour de Timon
le Misanthrope
Maison et Jardin de Platon
Gymnase
Tombeaux
d'Harmodius
et d'Aristogiton
Tombeaux des
guerre en différens
CÉRAMIQUE
EXTÉRIEUR
Chemin de Thebes
Athéniens morts à la
Stades Pythiques.
Stades Olympiques.
Toises de France.
100   200   300   400
Enceinte
commencée
à Rome
Tombeau
de Thrasybule
de Pericles
de Chabrias
&.
Par te Hippade
Porte Thriasia
 vieille
Dipylon
Portes Honiennes
Porte
Grande Place
PARTIE DE
LA VILLE
D'ATHÈNES
Gravé par P. F. Tardieu, Place de l'Estrapade N.º 18.
J. Aubert scripsit.
Kilomètre Républicain.
100   200   300   400   500   600   700   800   900   1000 Mètres.

PLAN D'UNE PALESTRE GRECQUE, d'après VITRUVE.

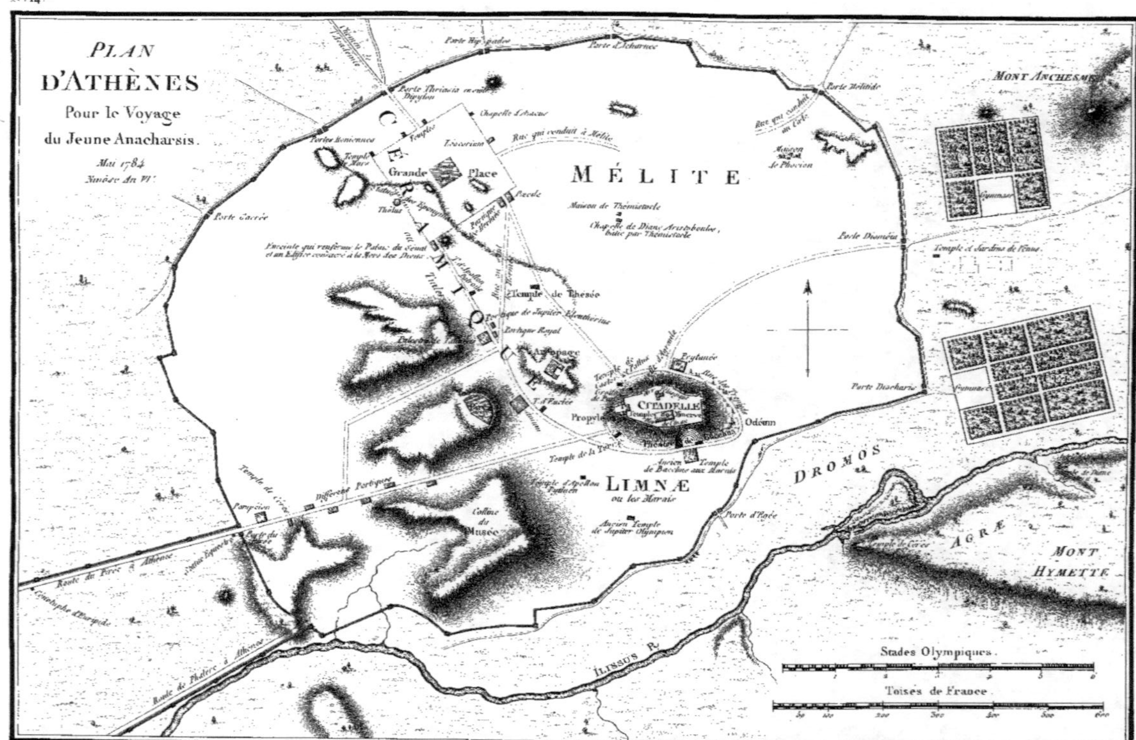

N.º 14.
PLAN D'ATHÈNES
Pour le Voyage
du Jeune Anacharsis.
Mai 1784
Nivôse An VI.
CÉRAMIQUE
MÉLITE
LIMNÆ ou les Marais
CITADELLE
DROMOS
AGRÆ
MONT HYMETTE
MONT ANCHESME
ILISSUS R.
Stades Olympiques.
Toises de France.
Kilomètre Républicain.
Gravé par P.F. Tardieu, Place de l'Estrapade N.º 18.
L. Aubert scripsit.

ÉLÉVATION EN PERSPECTIVE DE LA FACADE DES PROPYLÉES.

PLAN DES PROPYLÉES.

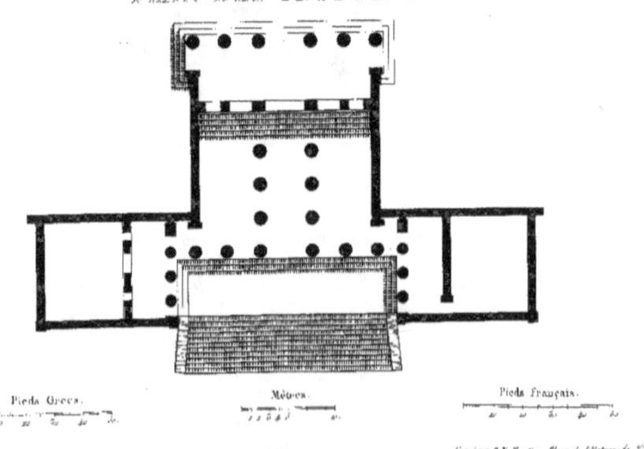

ÉLÉVATION DE LA FACADE DU TEMPLE DE THÉSÉE.

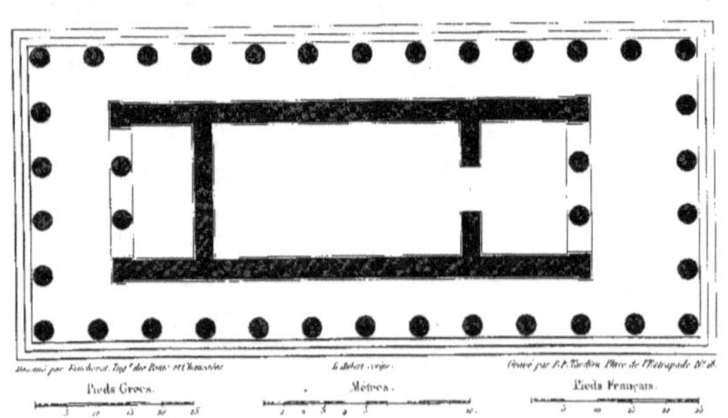

PLAN DU TEMPLE DE THÉSÉE.

VUE PERSPECTIVE DU TEMPLE DE THÉSÉE.

ÉLÉVATION DE LA FAÇADE ANTÉRIEURE DU PARTHÉNON.

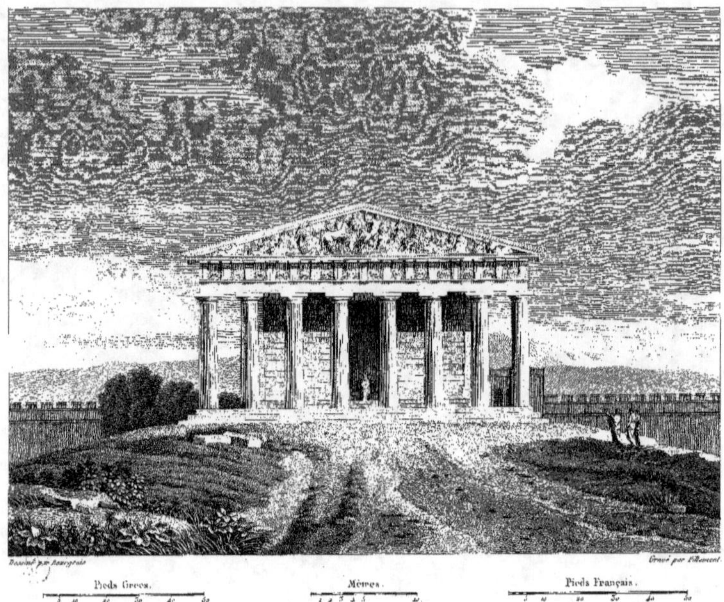

PLAN DU PARTHÉNON.

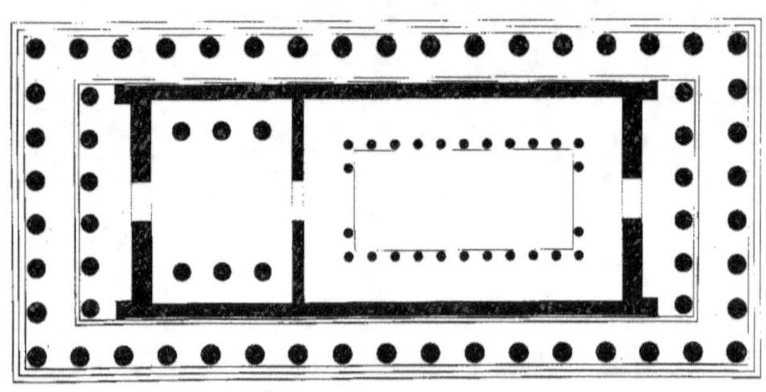

VUE PERSPECTIVE DU PARTHÉNON.

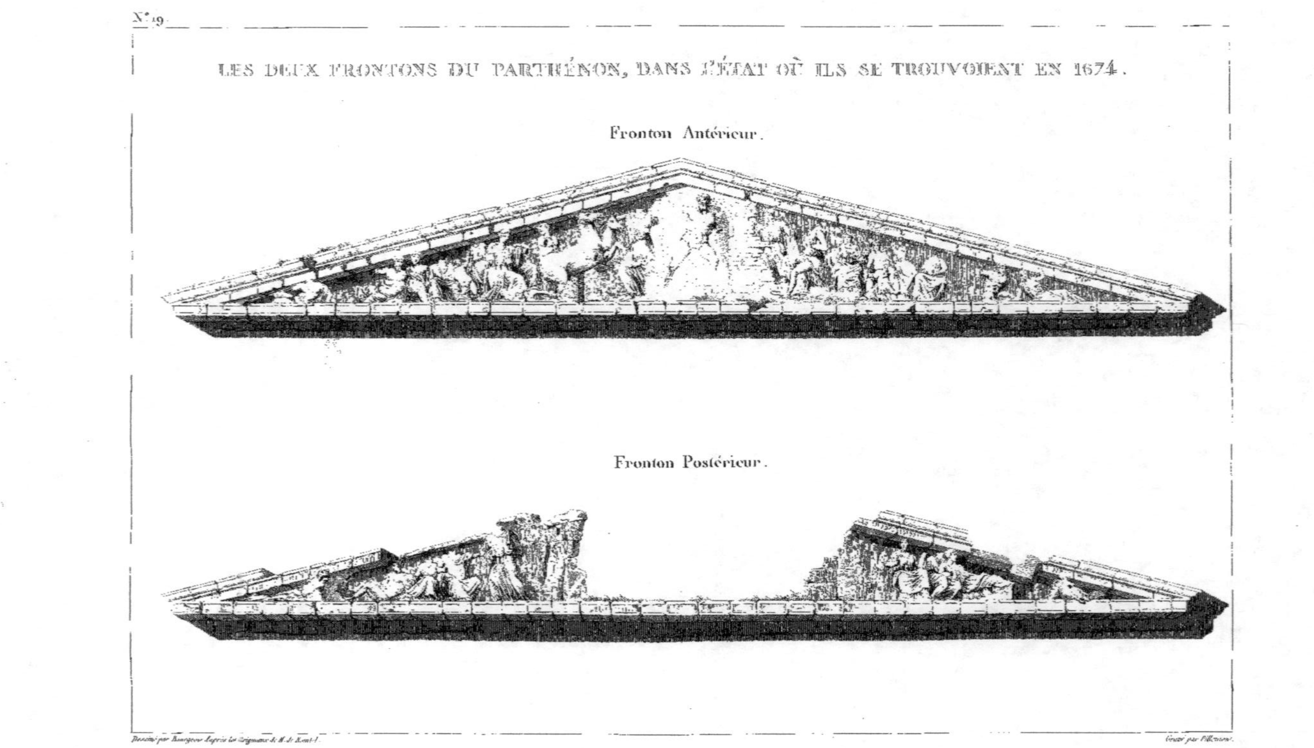

LES DEUX FRONTONS DU PARTHÉNON, DANS L'ÉTAT OÙ ILS SE TROUVOIENT EN 1674.
Fronton Antérieur.
Fronton Postérieur.
Dessiné par Bourgeois d'après les Originaux de M. de Nointel.
Gravé par Villerey.

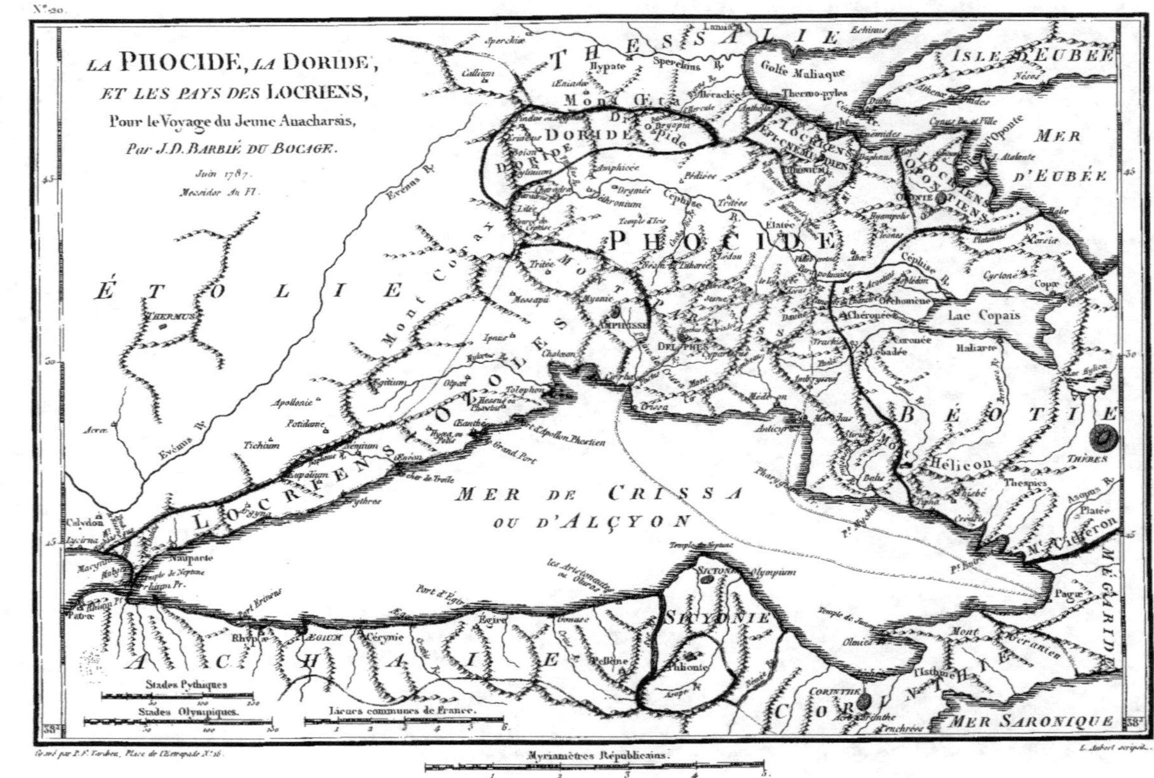

N.º 20.
LA PHOCIDE, LA DORIDE,
ET LES PAYS DES LOCRIENS,
Pour le Voyage du Jeune Anacharsis,
Par J. D. BARBIÉ DU BOCAGE.
Juin 1787.
Messidor An VI.
THESSALIE
ISLE D'EUBÉE
MÉGARIDE
MER D'EUBÉE
MER D'EUBÉE
PHOCIDE
DORIDE
MONT OETA
LOCRIENS ÉPICNÉMIDIENS
LOCRIENS OPONTIENS
BÉOTIE
ÉTOLIE
LOCRIENS OZOLES
MONT PARNASSE
MER DE CRISSA
OU D'ALÇYON
SICYONIE
ACHAIE
CORINTHIE
MER SARONIQUE
Golfe Maliaque
Thermo-pyles
Lac Copais
Hélicon
THÈBES
DELPHES
Crissa
CORINTHE
Stades Pythiques
Stades Olympiques.
Lieues communes de France.
Myriamètres Républicains.
Gravé par P. F. Tardieu, Place de l'Estrapade N.º 16.
L. Aubert scripsit.

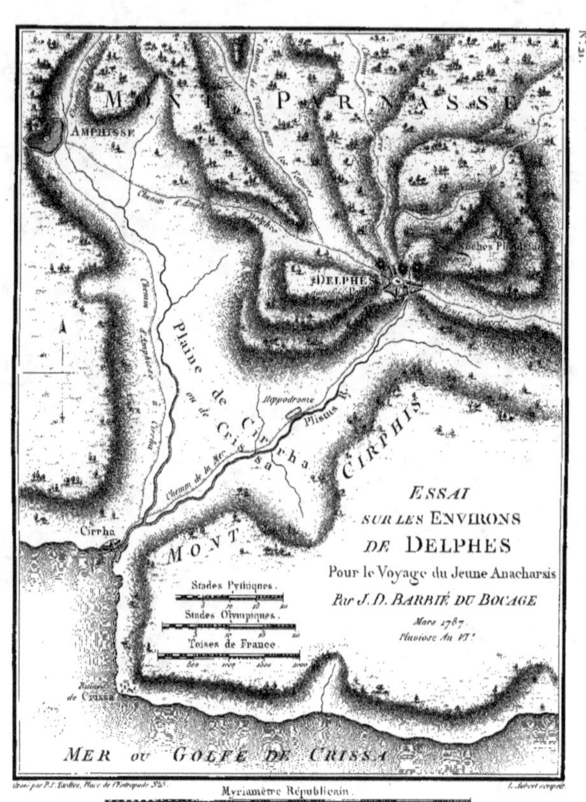

Essai sur les Environs de Delphes. Pour le Voyage du Jeune Anacharsis. Par J. D. Barbié du Bocage.

VUE DE DELPHES ET DES DEUX ROCHES DU PARNASSE.

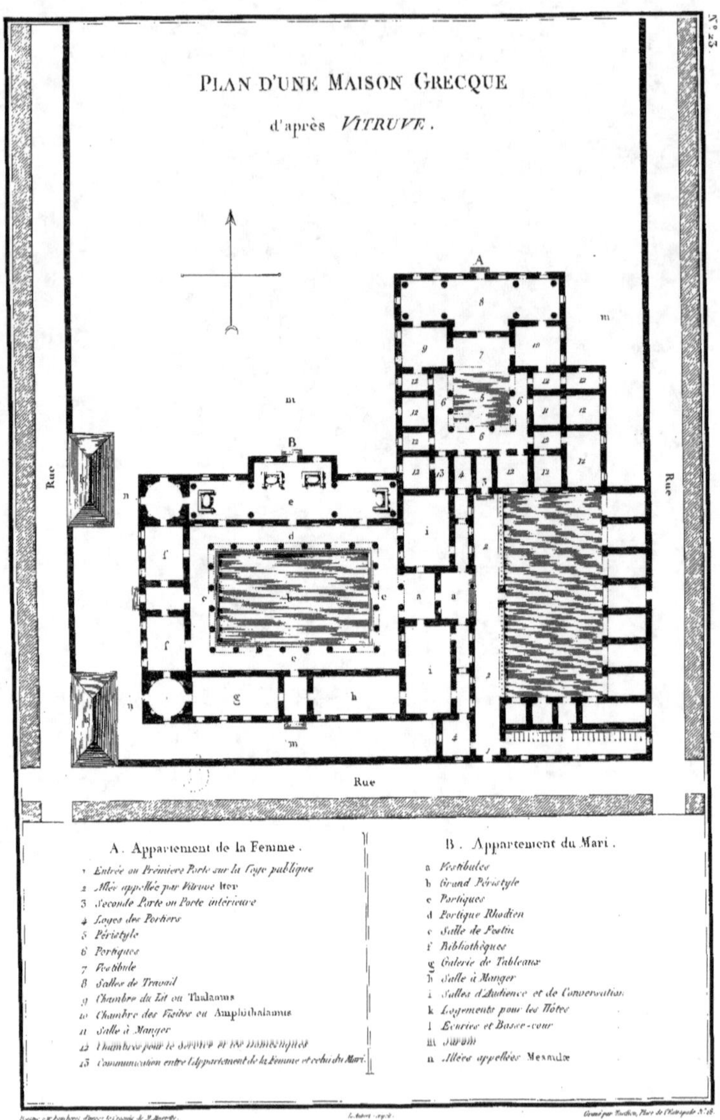

PLAN D'UNE MAISON GRECQUE
d'après VITRUVE.

Rue
Rue
Rue

A. Appartement de la Femme.
1 Entrée ou Première Porte sur la Voye publique
2 Allée appellée par Vitruve Ітер
3 Seconde Porte ou Porte intérieure
4 Loges des Portiers
5 Péristyle
6 Portiques
7 Vestibule
8 Salles de Travail
9 Chambre du Lit ou Thalamus
10 Chambre des Visites ou Amphithalamus
11 Salle à Manger
12 Chambres pour le Service et les Domestiques
13 Communication entre l'Appartement de la Femme et celui du Mari

B. Appartement du Mari.
a Vestibules
b Grand Péristyle
c Portiques
d Portique Rhodien
e Salle de Festin
f Bibliothèques
g Galerie de Tableaux
h Salle à Manger
i Salles d'Audience et de Conversation
k Logements pour les Hôtes
l Ecuries et Basse-cour
m Jardin
n Allées appellées Mesaules

Dessiné par Lambert d'après les Croquis de M. Moreau.   Le Roi scrip.   Gravé par Vauthier, Place de l'Estrapade N.o 16.

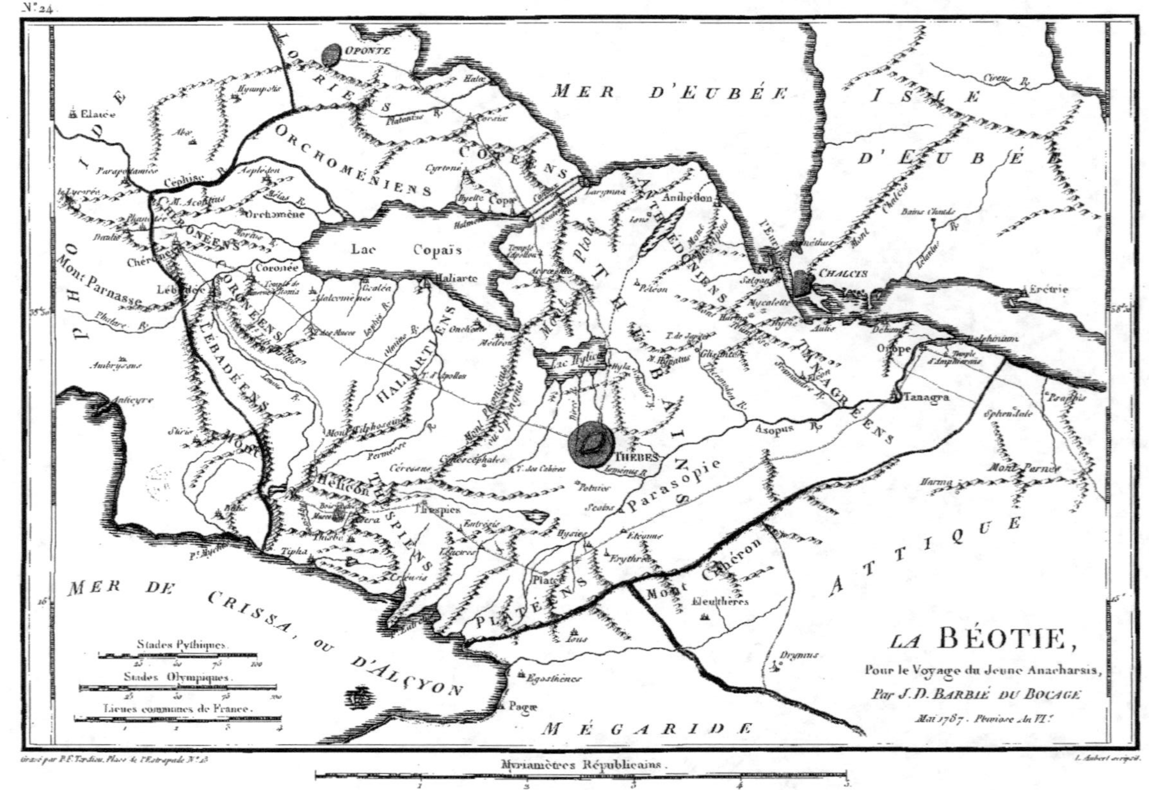
LA BÉOTIE,
Pour le Voyage du Jeune Anacharsis,
Par J. D. BARBIÉ DU BOCAGE
Mai 1787. Pluviose An VI.

MER D'EUBÉE
ISLE D'EUBÉE
ATTIQUE
MÉGARIDE
MER DE CRISSA, OU D'ALCYON
PHOCIDE

OPONTE
LOCRIENS
ORCHOMÉNIENS
COPENS
THÉDONIENS
TANAGRÉENS
THÉBAINS
HALIARTIENS
CORONÉENS
LEBADÉENS
THESPIENS
PLATÉENS
Parasopie

Lac Copaïs
CHALCIS
Érétrie
Orope
Tanagra
THEBES
Thespies
Platée
Éleuthères
Chéronée
Coronée
Lébadée
Haliarte
Orchomène
Elatée
Anticyre
Egosthènes
Page
Mont Parnasse
Mont Hélicon
Mont Cithéron
Mont Parnes
Asopus R.

Stades Pythiques.
Stades Olympiques.
Lieues communes de France.

Gravé par P. F. Tardieu, Place de l'Estrapade N.º 18.
L. Aubert scripsit.

Myriamètres Républicains.

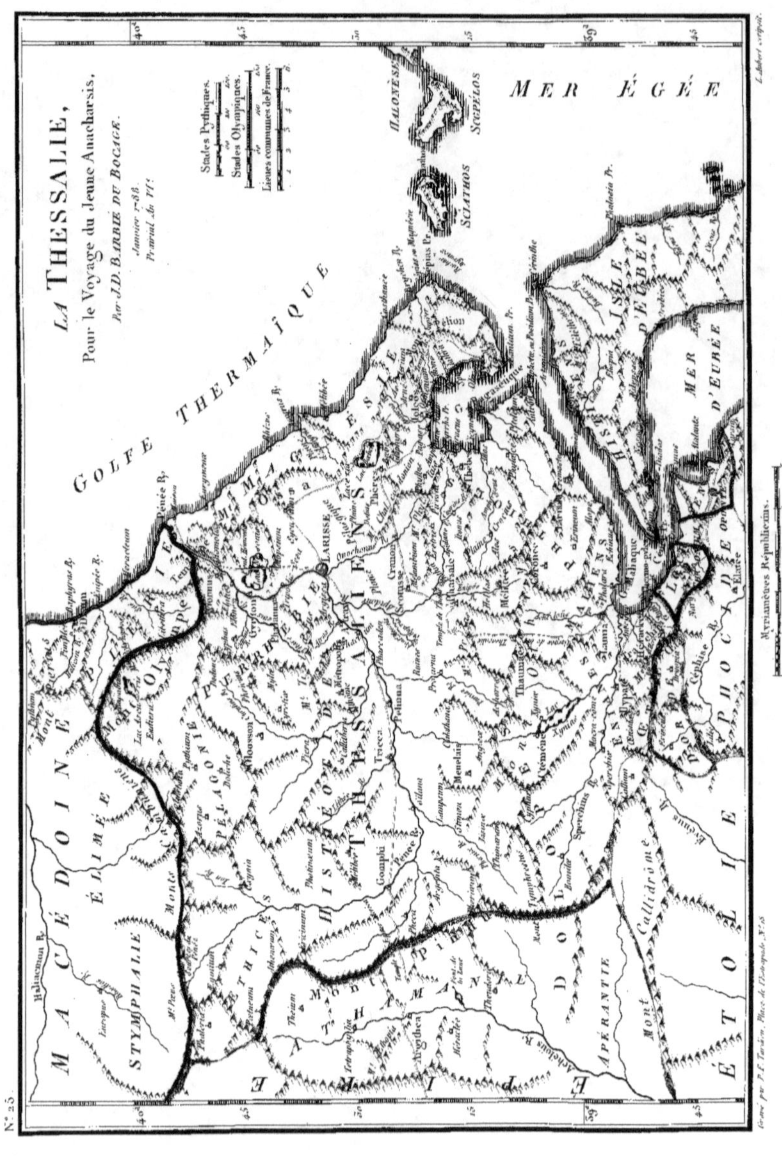

N.° 23
LA THESSALIE,
Pour le Voyage du Jeune Anacharsis.
Par J.D. BARBIÉ DU BOCAGE.
Janvier 1788.
Paravait An VI.
Stades Pythiques.
Stades Olympiques.
Lieues communes de France.
MER ÉGÉE
GOLFE THERMAÏQUE
MACÉDOINE
ÉLIMÉE
STYMPHALIE
PIÉRIE
PÉLAGONIE
MAGNÉSIE
PERRHÉBIE
HISTIÉOTIDE
THESSALIOTIDE
PHTHIOTIDE
THAMANIE
DOLOPIE
APÉRANTIE
ÉTOLIE
PHOCIDE
HISTIÉENS
ISLE D'EUBÉE
MER D'EUBÉE
SCIATHOS
SCEPÉLOS
HALONÉSE
LARISSE
Gomphi
Mont Pierre
Mont Callidrome
Myriamètres Republicains.
Gravé par P.F. Tardieu, Place de l'Estrapade, N.° 18.
L. Aubert scripsit.

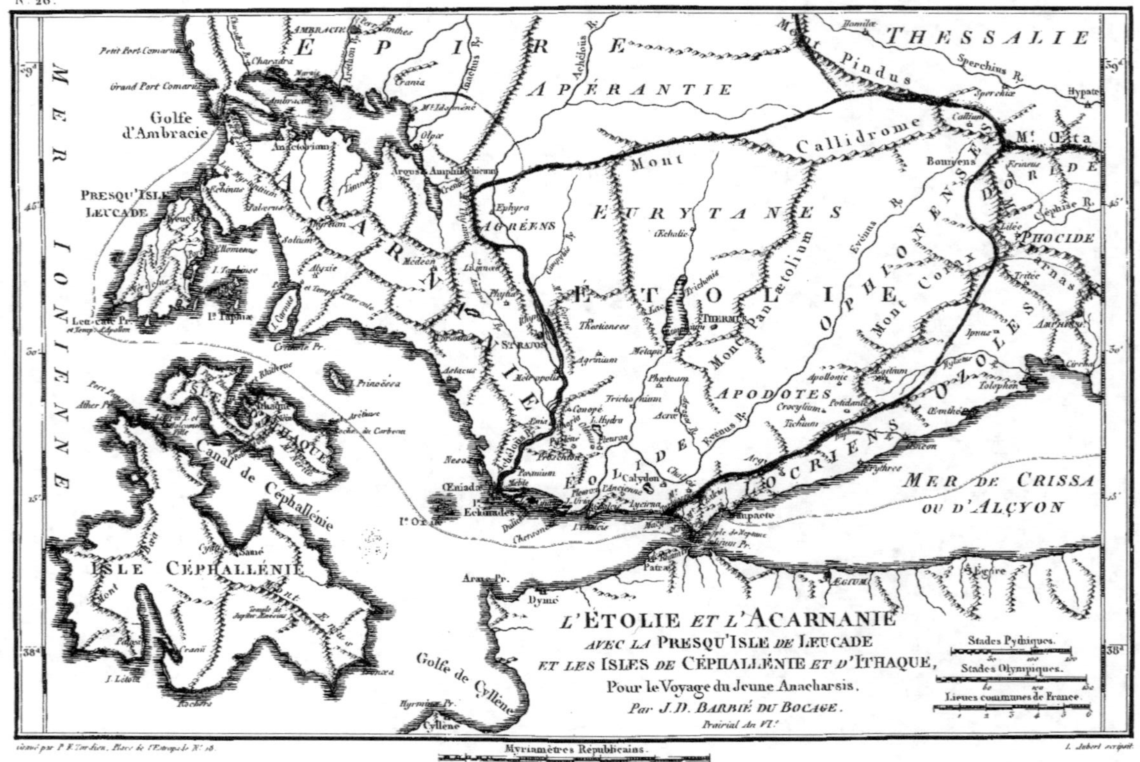

N.° 26.
L'ÉTOLIE ET L'ACARNANIE
AVEC LA PRESQU'ISLE DE LEUCADE
ET LES ISLES DE CÉPHALLÉNIE ET D'ITHAQUE,
Pour le Voyage du Jeune Anacharsis.
Par J.D. BARBIÉ DU BOCAGE.
Prairial An VI.e
Stades Pythiques.
Stades Olympiques.
Lieues communes de France.
Myriamètres Républicains.
Gravé par P.F. Tardieu, Place de l'Entrepôt N.° 18.
L. Aubert scripsit.
THESSALIE
EPIRE
APÉRANTIE
Mont Pindus
Sperchius R.
Hypate
Callidrome
M.t Œta
DORIDE
PHOCIDE
Parnasse
Mont
EURYTANES
ÉTOLIE
OPHIONENS
OZOLES
AGRÉENS
Mont Panætolium
Mont Corax
APODOTES
LOCRIENS
MER DE CRISSA
OU D'ALCYON
Golfe d'Ambracie
ACARNANIE
PRESQU'ISLE LEUCADE
MER IONIENNE
Canal de Céphallénie
ITHAQUE
ISLE CÉPHALLÉNIE
Golfe de Cyllène
Cyllene
Dymé
STRATOS
Thermum
Calydon
Naupacte
Patras
Œniadæ

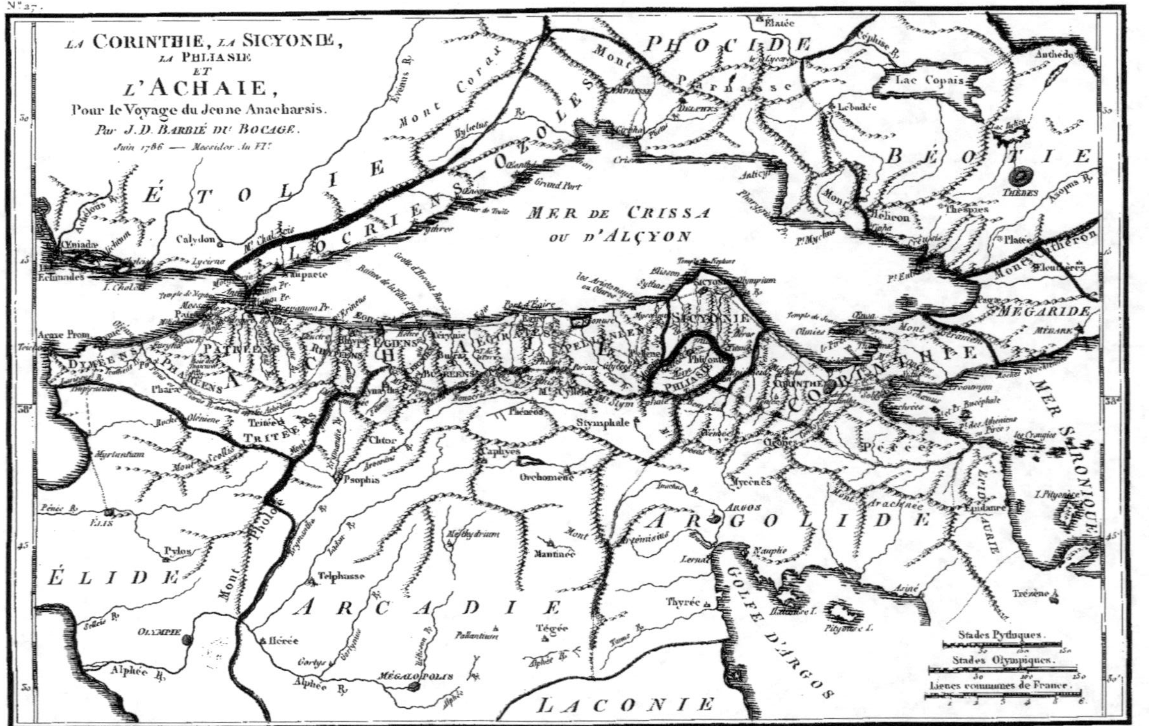

N.º 27.
LA CORINTHIE, LA SICYONIE, LA PHLIASIE ET L'ACHAIE,
Pour le Voyage du Jeune Anacharsis.
Par J. D. BARBIÉ DU BOCAGE.
Juin 1786 — Messidor An VI.
PHOCIDE
BÉOTIE
Lac Copais
THÈBES
Mont Parnasse
Mont Coras
ÉTOLIE
LOCRIENS-OZOLES
MER DE CRISSA OU D'ALÇYON
MÉGARIDE
Calydon
Œniada
Échinades
DYMÉENS
PHARÉENS
PATRÉENS
ACHAIE
ÉGIENS
PELLÉNÉ
SICYONIE
CORINTHIE
MER SARONIQUE
TRITÉE
PHLIASIE
Stymphale
Caphyes
Psophis
Orchomène
ARGOS
ARGOLIDE
ÉPIDAURIE
Mycènes
ÉLIDE
Pylos
Mantinée
ARCADIE
Telphusse
Tégée
Pallantium
OLYMPIE
Hérée
Alphée R.
MÉGALOPOLIS
GOLFE D'ARGOS
Nauplie
Trézène
LACONIE
Stades Pythiques.
Stades Olympiques.
Lieues communes de France.
Gravé par P.F. Tardieu, Place de l'Estrapade N.º 16.
L. Aubert scripsit.
Myriamètres Républicains.

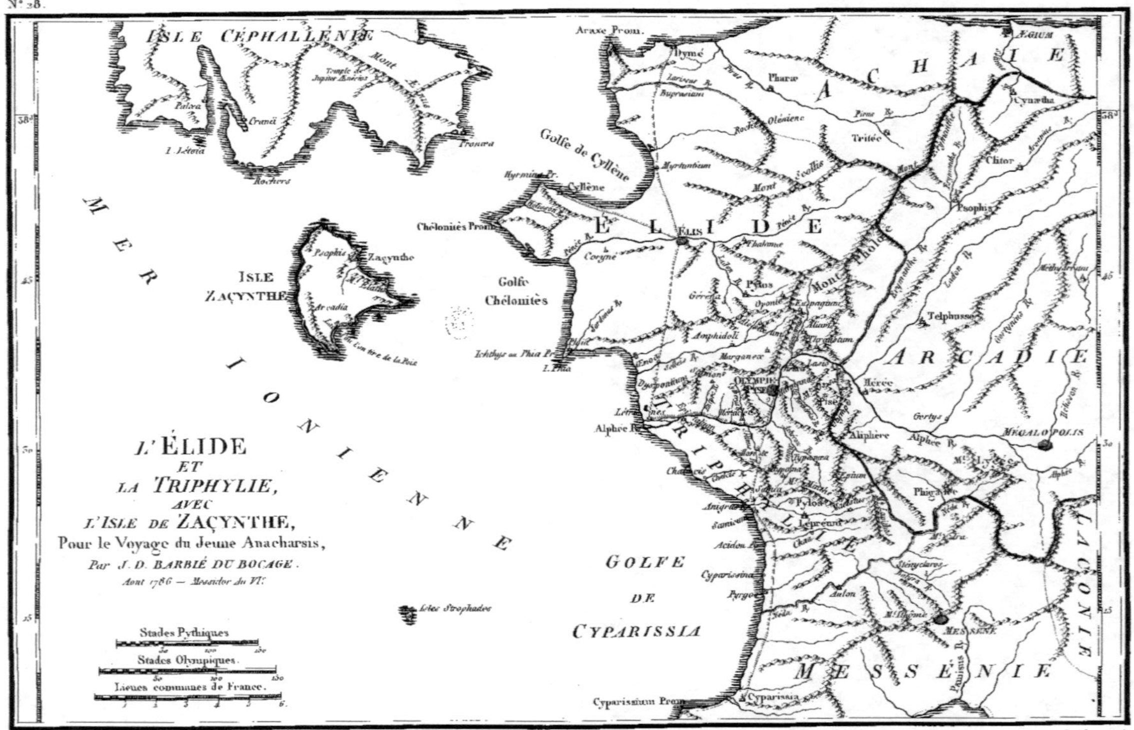

N.º 38.
ISLE CÉPHALLÉNIE
Mont
Temple de Jupiter Ænesios
Palea
Cranii
Pronna
I. Létoïa
Rochers
MER
IONIENNE
ISLE
ZACYNTHE
Psophis de Zacynthe
Arcadia
I. L'on tire de la Poix
Golfe de Cyllène
Chélonités Prom.
Hyrmine Pr.
Cyllène
Corgne
Golfe
Chélonités
Ichthys ou Phia Pr.
I. Phia
Araxe Prom.
Dymé
Pharæ
Larisus R.
Buprasium
Pisus R.
Rocher Oléniens
Tritée
Chitor
Psophis
ÆGIUM
ACHAIE
Cynætha
ÉLIDE
ÉLIS
Elabanne
Pylos
Gérarea
Oponte
Amphidoli
Margarex
Dyspontium
Mont
OLYMPIE
Létrinès
Alphée R.
Scollis
Mont Pholoé
Telphusse
ARCADIE
Hérée
Gortys
Aliphère
Alphée R.
Gortys
MÉGALOPOLIS
Phigalie
TRIPHYLIE
Amigrus
Samic
Acidon R.
Pylos
Lépréum
Cyparissia
Pyrgos
Steneyclaros
Aulon
Mt Ithome
MESSÈNE
MESSÉNIE
Pamisus R.
LACONIE
GOLFE
DE
CYPARISSIA
Cyparissium Prom.
Cyparissia
L'ÉLIDE
ET
LA TRIPHYLIE,
AVEC
L'ISLE DE ZACYNTHE,
Pour le Voyage du Jeune Anacharsis,
Par J. D. BARBIÉ DU BOCAGE.
Aout 1786 — Messidor du VI.
Stades Pythiques
Stades Olympiques.
Lieues communes de France.
Isles Strophades
Gravé par P. F. Tardieu, Place de l'Estrapade N.º 15.
L. Aubert scripsit.
Myriamètres Républicains

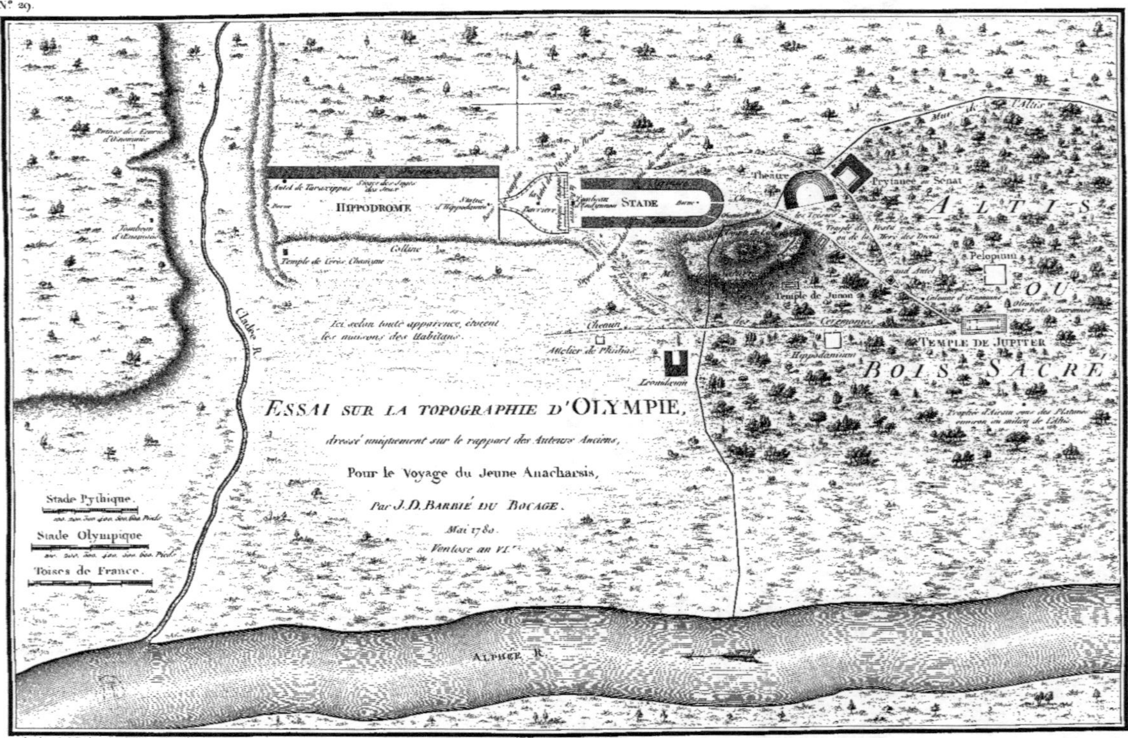

N.º 29.
Mur de l'Altis
ALTIS
OU
Théâtre
Prytanée ou Sénat
Temple de Vesta ou de la Terre des Dieux
Pelopium
Grand Autel
Temple de Junon
Colonne d'Enomaus
Bois Sacré
TEMPLE DE JUPITER
Hippodamium
Atelier de Phidias
Chemin des Cérémonies
Chemin
Léonidéum
Stade
Barrière
Enceinte Ancienne
Statue d'Hyppodamie
Barrière
Siéges des Juges des Jeux
Autel de Taraxippus
HIPPODROME
Borne
Temple de Cérés Chamyne
Colline
Tombeau d'Enomaus
Retour des Tours d'Ancomaus
Cladée R.
Ici selon toute apparence, étoient les maisons des habitans.
Trophée d'Airain sous des Platanes environ au milieu de l'Altis
BOIS SACRE
ESSAI SUR LA TOPOGRAPHIE D'OLYMPIE,
dressé uniquement sur le rapport des Auteurs Anciens,
Pour le Voyage du Jeune Anacharsis,
Par J. D. Barbié du Bocage.
Mai 1780.
Ventose an VI.
ALPHÉE R.
Stade Pythique.
Stade Olympique
Toises de France.
Kilomètre Républicain.
100. 200. 300. 400. 500. 600. 700. 800. 900. 1000. Mètres
Gravé par P. F. Tardieu, Place de l'Estrapade N.º 6.

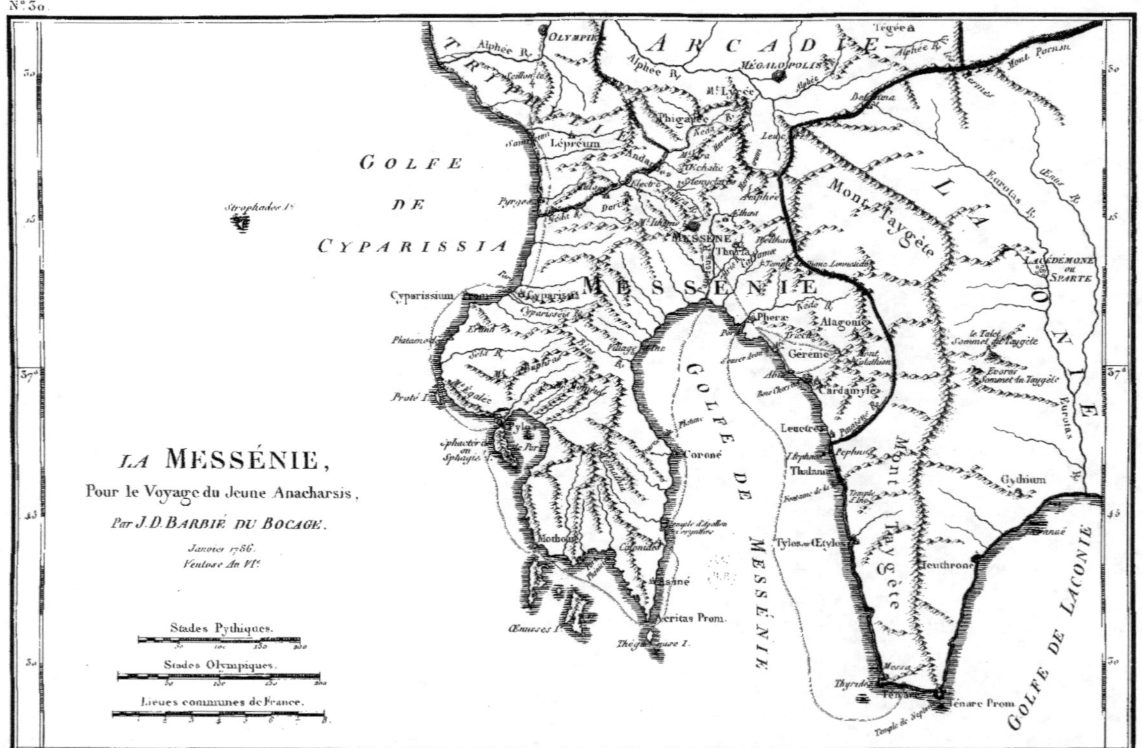

N.° 30.
ARCADIE
LACONIE
TRIPHYLIE
GOLFE DE CYPARISSIA
MESSÉNIE
GOLFE DE MESSÉNIE
GOLFE DE LACONIE
Mont Taygète
Mont Taygète
MÉGALOPOLIS
LACÉDÉMONE ou SPARTE
OLYMPIE
TÉGÉE
MESSÈNE
Cyparissium
Cyparissa
Pheræ
Alagonie
Gérénie
Cardamyle
Leuctre
Coroné
Thalanæ
Tylos ou Œtylos
Teuthrone
Gythium
Ténare Prom.
Thyrides
Ténare
Strophades I.
Léprèum
Prote I.
Pylos
Sphactérie ou Sphagie I.
Œnusses I.
Achéritas Prom.
Théganuse I.
Eurotas R.
Alphée R.
Mont Parnon
LA MESSÉNIE,
Pour le Voyage du Jeune Anacharsis,
Par J. D. BARBIÉ DU BOCAGE.
Janvier 1786.
Ventose An VI.e
Stades Pythiques.
Stades Olympiques.
Lieues communes de France.
Myriamètres Républicains.
Gravé par P.F. Tardieu Place de l'Estrapade N.° 18.
L. Aubert scrip.

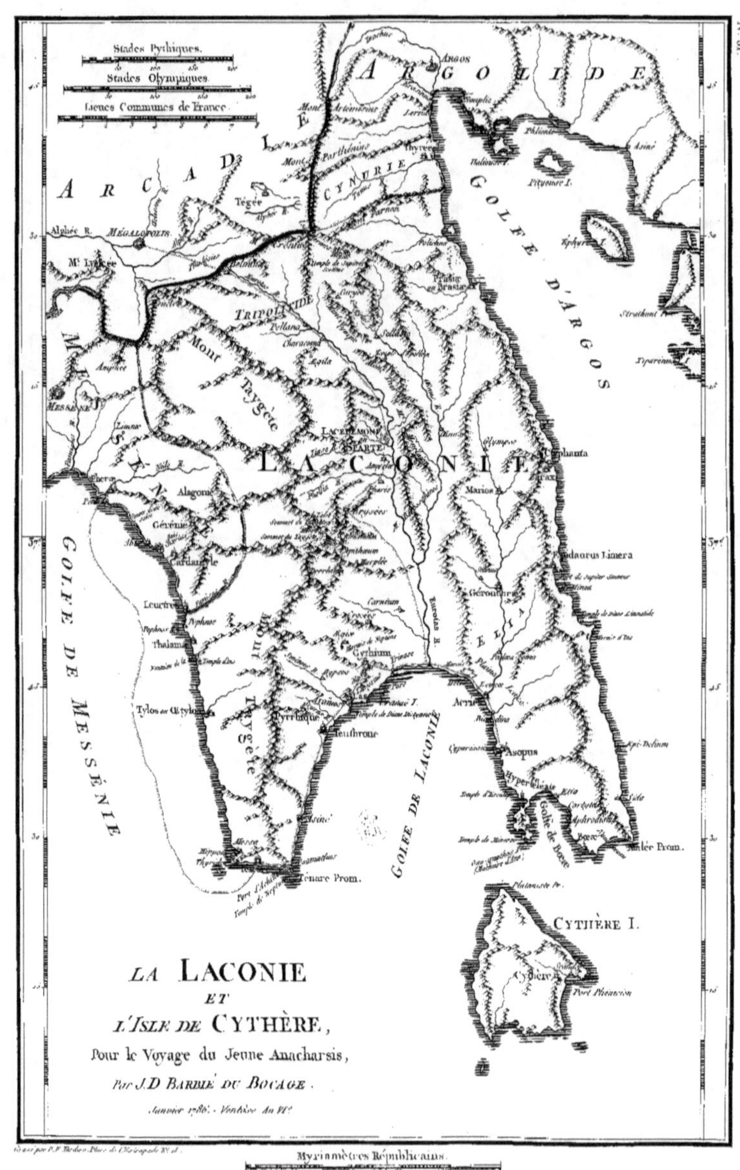

N.º 31.
Stades Pythiques.
Stades Olympiques.
Lieues Communes de France.
ARGOLIDE
ARCADIE
ARGOS
Mont Artémisie
Mont Parthénius
CYNURIE
Thyrée
GOLFE D'ARGOS
Tégée
Phlionte
Asiné
Alphée R.
MÉGALOPOLIS
Pityouse I.
Epidaure I.
Mt Lycée
Plobserver
Beloudina
Temple de Jupiter
TRIPOLITIDE
Prasie ou Brasia
Strathані
Pellana
Characoma
Ægila
Tiparénus I.
Amphée
MESSENE
Mont Taygète
LACÉDÉMONE
SPARTE
LACONIE
Tyuphanta
SINA
Alagonia
Marios
Géronthre
Cardamyle
Leuctre
ÉLÉA
Epidaurus Limera
Pephnus
Thalames
Gythium
Temple de Diane
Tylos ou Œtylos
Mont Taygète
Pyrrhique
Asopus
Arné
Messa
Ténare Prom.
Hyperténate
Boee
Malée Prom.
GOLFE DE MESSÉNE
GOLFE DE LACONIE
Cythère I.
Cythère
Port Phénicus
LA LACONIE
ET
L'ISLE DE CYTHÈRE,
Pour le Voyage du Jeune Anacharsis,
Par J. D. Barbié du Bocage.
Janvier 1786. - Ventôse An VI.
Gravé par P. F. Tardieu, Place de l'Estrapade N.º 21.
Myriamètres Républicains.

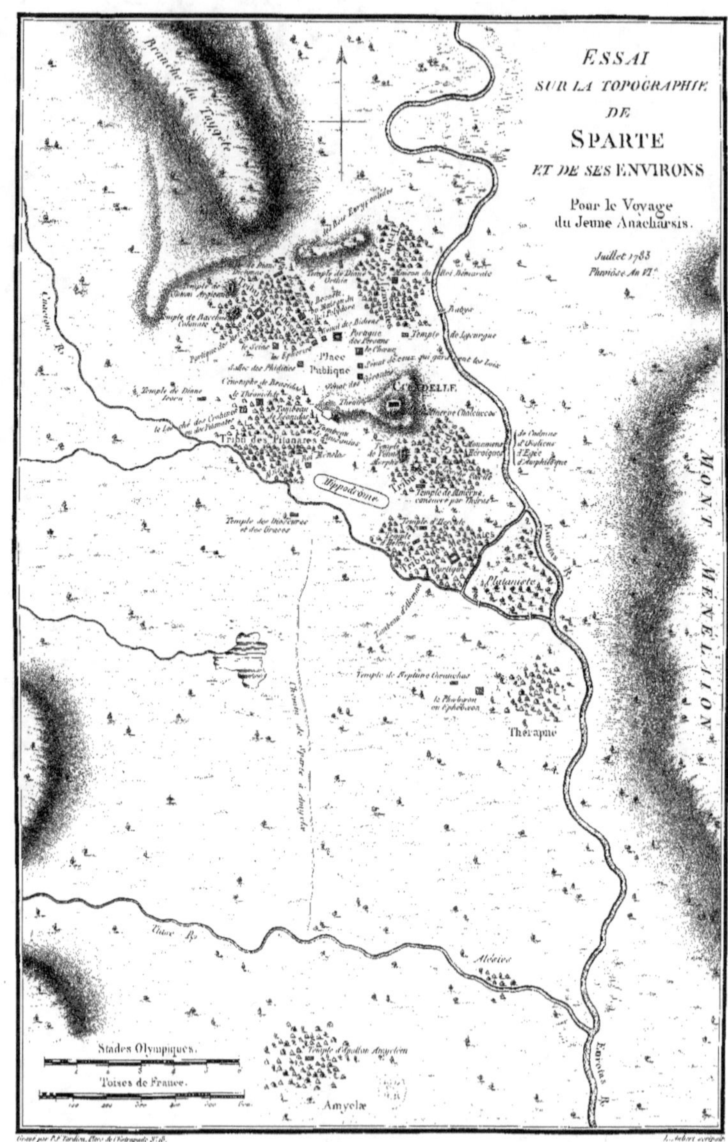

N.º 52.
ESSAI
SUR LA TOPOGRAPHIE
DE
SPARTE
ET DE SES ENVIRONS
Pour le Voyage
du Jeune Anacharsis.
Juillet 1783
Pluviôse An VI.ᵉ
Branche du Tiasa
MONT MÉNÉLAION
des Bois Eurypontides
Temple de Diane Orthia
Maison du Roi Démarate
Temple de Diane Dictenne
Tribu des Cynosures
Tribu des Limnates
le Babyx
Temple de Diane Aeginéenne
Benatt
Maison du Roi Polydore
Temple de Bacchus Colonate
Sénat des Bidiens
Portique des Perses
Temple de Lycurgue
Portique des Persans
le Scias
le Chœur
l'Éphorie
Salle des Phidities
Place Publique
Sénat de ceux qui gardent les Lois
Géronter
Cénotaphe de Brasidas
le Thémistée
Sénat des Gérontes
CITADELLE
Temple de Diane Issora
le Théatre
Minerve Chalciœcos
le Leschès des Crotanes ou des Pitanates
Tombeau de Léonidas
de l'Ordonne d'Ostiens d'Egée d'Amphilleque
Tombeau de Pausanias
Tribu des Pitanates
Monumens Héroïques
Temple de Vénus Morpho
Maison du Roi Ménélas
Hippodrome
Temple de Minerve, commencé par Théras
Temple des Dioscures et des Graces
Temple d'Hercule
Temple d'Hellen
Tribu des Mésoates
Portique
Platanete
Eurotas R.
Temple de Neptune Ténarchas
le Phœbœon ou l'Éphébœon
Therapne
Tiasa R.
Cnacion R.
Alésies
Eurotas R.
Stades Olympiques.
Toises de France.
Temple d'Apollon Amycléen
Amyclæ
Chemin de Sparte à Amyclæ
Gravé par P.F Tardieu, Place de l'Estrapade N.º 8.
L. Aubert scripsit.
Kilomètre Républicain.

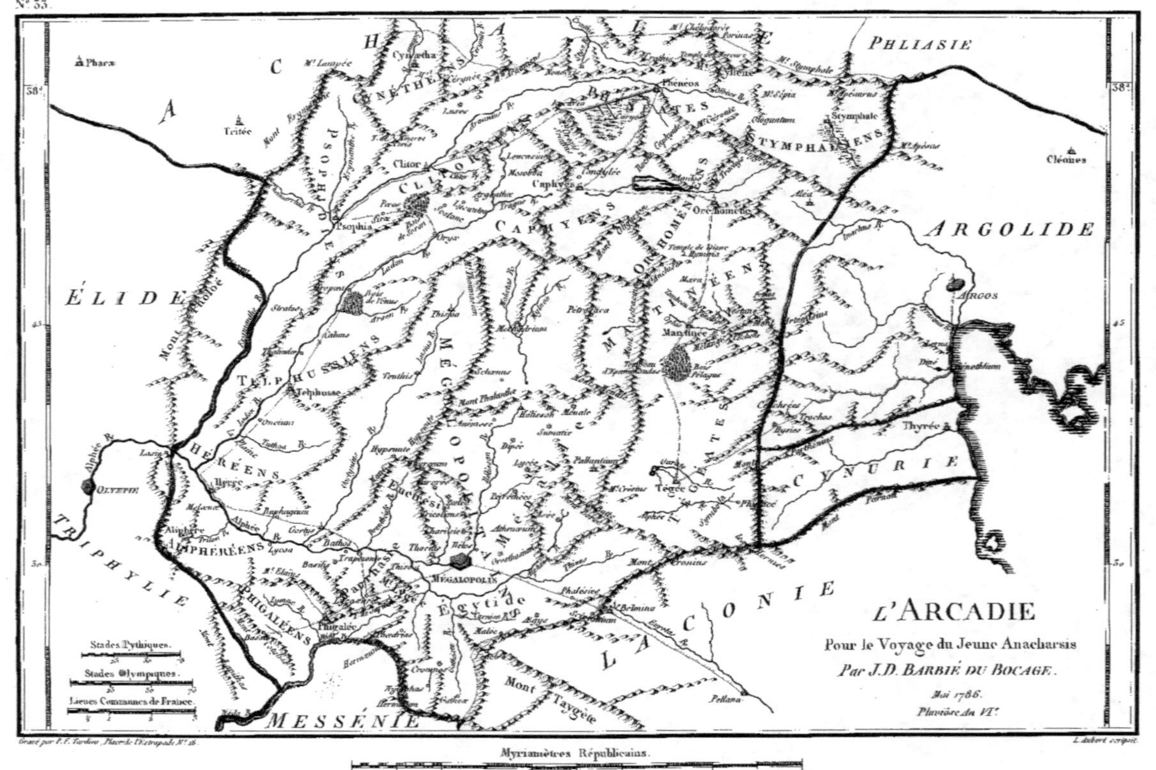

N.º 33.
PHLIASIE
ARGOLIDE
ARGOS
CYNURIE
Thyrée
LACONIE
MESSÉNIE
TRIPHYLIE
ÉLIDE
A
C
H
Cynætha
Phéneos
Stymphale
Cléones
TYMPHALIENS
CAPHYENS
ORCHOMÉNIENS
Orchomène
Mantinée
MÉGALOPOLITES
MÉGALOPOLITAINE
TELPHUSSIENS
Telphusse
PSOPHIDIE
Psophis
Clitor
HÉRÉENS
Larisse
OLYMPIE
AMPHÉRÉENS
PHIGALÉENS
Phigalée
MÉGALOPOLIS
Egytide
Tégée
Mont Taygète
Stades Pythiques.
Stades Olympiques.
Lieues Communes de France.
Gravé par P.F. Tardieu, Place de l'Estrapade N.º 16.
L. Aubert scripsit.
L'ARCADIE
Pour le Voyage du Jeune Anacharsis
Par J.D. BARBIÉ DU BOCAGE.
Mai 1786.
Pluviôse an VI.
Myriamètres Républicains.

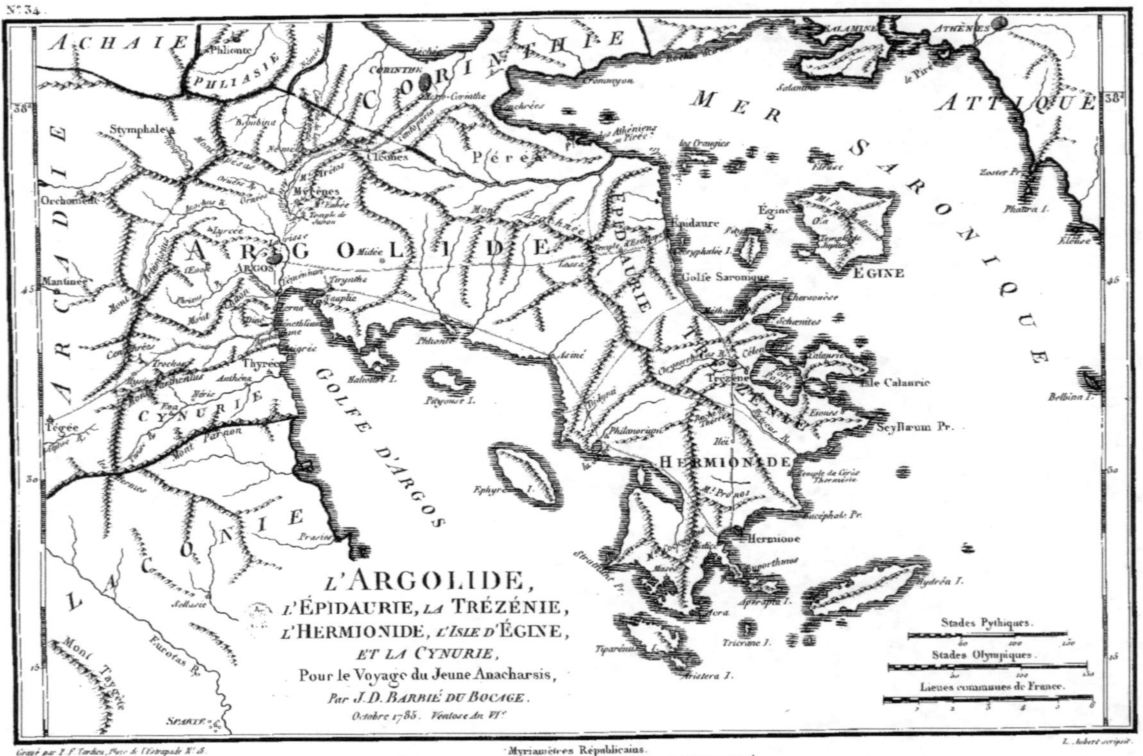

N.º 34.
ACHAIE
CORINTHIE
ATTIQUE
ARCADIE
PHLIASIE
Phlionte
Corinthe
Sicyone
Némée
Cléones
Mycènes
Pérée
Prosymna
MER SARONIQUE
Salamine
ATHÈNES
le Pirée
Isthme de Corinthe
Cenchrées
Crommyon
Isthmie Athénienne ou Pirée
les Oranges
Flicée
Zoster Pr.
Phaltra I.
Éleuse
Stymphale
Orchomène
Mantinée
Tégée
ARGOLIDE
ARGOS
Midée
Larisse
Tirynthe
Nauplie
Lerna
Phlionte
EPIDAURIE
Mont Arachnée
Épidaure
Chrysaphée I.
Golfe Saronique
Temple d'Esculape
Égine
Mᵗ Panhellénion
Temple de Jupiter
ÉGINE
Chersonèse
Schœnites
Calaurie
Isle Calaurie
Belbina I.
TRÉZÉNIE
Trézène
Scyllæum Pr.
GOLFE D'ARGOS
Halluris I.
Pityouse I.
Asiné
Didyni
Philanorium
Ilei
HERMIONIDE
Ephyre I.
Mᵗ Pronos
Bucéphale Pr.
Hermione
Temple de Cérès Thermésie
Mᵗ Thornax
Mases
Aporthmos
Hydréa I.
Tiparénia I.
Tricrane I.
Aristera I.
CYNURIE
Thyrée
Anthéna
Nérie
Prasiès
Mont Parnon
LACONIE
Mont Taygète
Eurotas Rᵉ
Sellasie
SPARTE
L'ARGOLIDE,
L'ÉPIDAURIE, LA TRÉZÉNIE,
L'HERMIONIDE, L'ISLE D'ÉGINE,
ET LA CYNURIE,
Pour le Voyage du Jeune Anacharsis,
Par J. D. BARBIÉ DU BOCAGE.
Octobre 1785. Ventose An VIᵉ.
Gravé par P. F. Tardieu, Place de l'Estrapade N.º 8.
L. Aubert scripsit.
Stades Pythiques.
Stades Olympiques.
Lieues communes de France.
Myriamètres Républicains.

PLATON SUR LE CAP SUNIUM, AU MILIEU DE SES DISCIPLES.

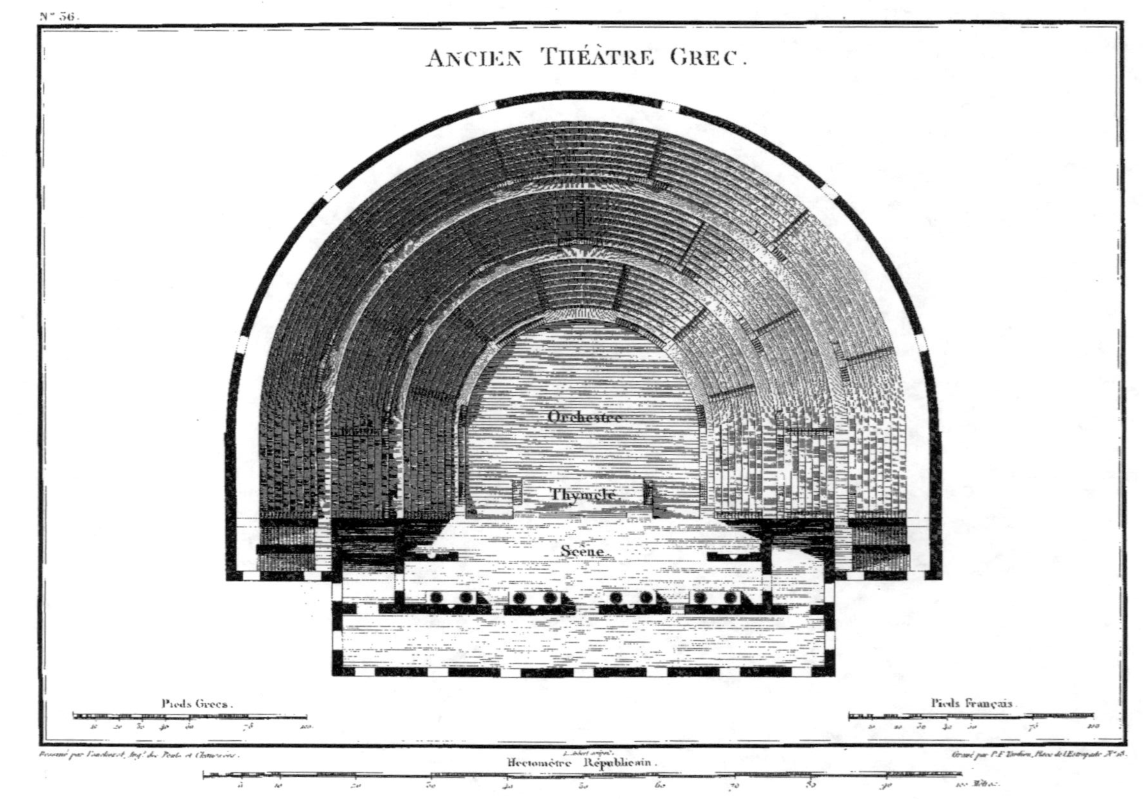

Dessiné par Faucheret, Ing.r des Ponts et Chaussées.

L.bert scrip.t

Gravé par P.F. Tardieu, Place de l'Estrapade N.° 18.

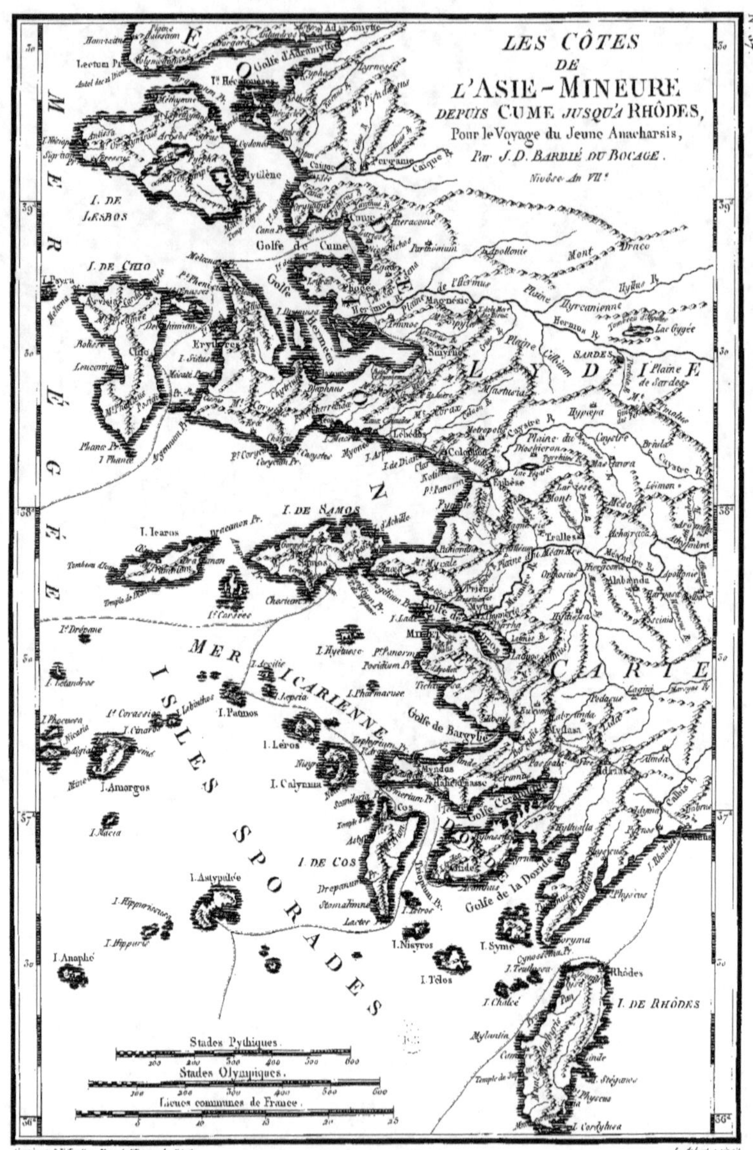

LES CÔTES
DE
L'ASIE-MINEURE
DEPUIS CUME JUSQU'À RHÔDES,
Pour le Voyage du Jeune Anacharsis,
Par J. D. BARBIÉ DU BOCAGE.
Nivôse An VII.e
Stades Pythiques.
Stades Olympiques.
Lieues communes de France.
Myriamètres Républicains.
Gravé par P. F. Tardieu, Place de l'Estrapade N.° 18.
L. Aubert scripsit.

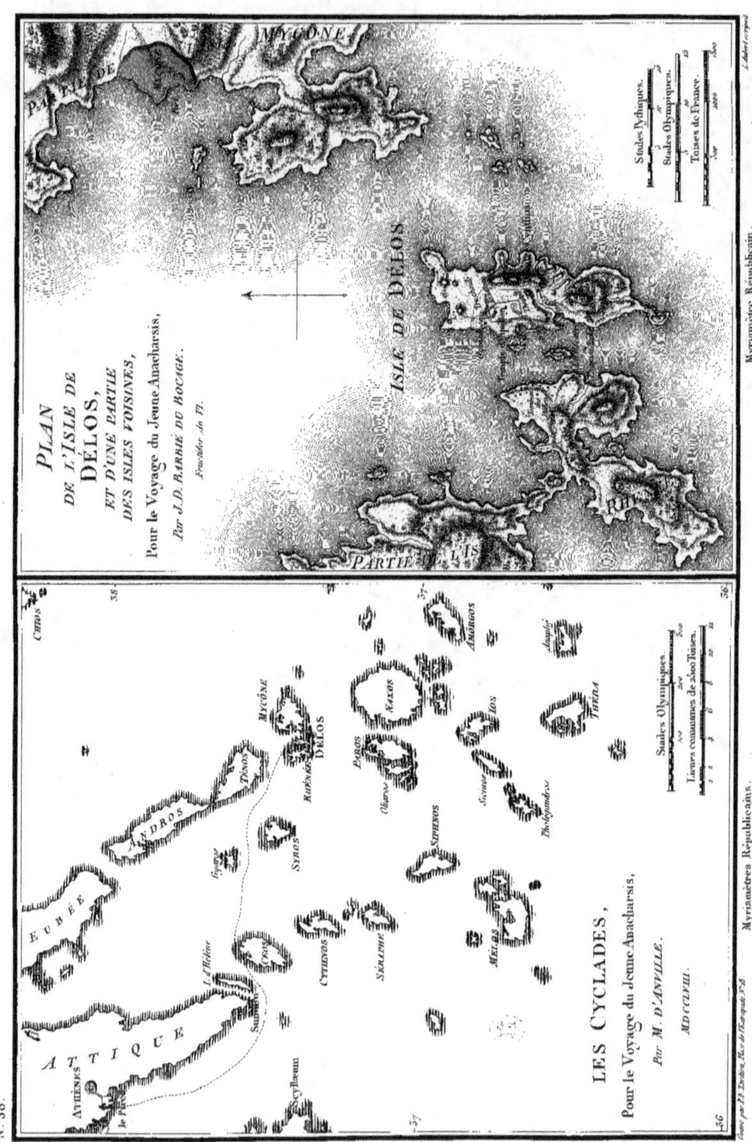

PLAN
DE L'ISLE DE
DÉLOS,
ET D'UNE PARTIE
DES ISLES VOISINES,
Pour le Voyage du Jeune Anacharsis,
Par J.D. BARBIÉ DU BOCAGE.
ISLE DE DÉLOS
MYCONE
PLAINE DE
PARTIE
Stades Pythiques.
Stades Olympiques.
Toises de France.
Myriamètre Républicain
LES CYCLADES,
Pour le Voyage du Jeune Anacharsis,
Par M. D'ANVILLE.
MDCCLVIII.
ATTIQUE
ATHÈNES
EUBÉE
ANDROS
TÉNOS
MYCÒNE
DÉLOS
SYROS
PAROS
NAXOS
CYTHNOS
SÉRIPHE
SIPHNOS
MÉLOS
ANDROGOS
THÉRA
CHIOS
Stades Olympiques.
Lieues communes de 2400 Toises.
Myriamètres Républicains.

EXPLICATION DES MÉDAILLES.

N.º 1. Médaillon d'argent de la ville de Tarente. Taras, fondateur de la ville, sur un dauphin : son nom est écrit de droite à gauche. Au revers, le même Taras assis, et son nom. *Voyez le chap. III, tome ij, page 57.*

N.º 2. Médaille de bronze, d'Athènes. D'un côté, la tête casquée de Minerve, fondatrice d'Athènes; de l'autre, la citadelle d'Athènes, dans laquelle on remarque l'escalier qui y menait, ainsi que la statue et le temple de Minerve. Dans le roc on distingue la grotte du dieu Pan. *Voyez le chap. XII, tome ij, page 208.*

N.º 3. Médaillon d'argent de l'ancienne ville de Danclé ou Zanclé, aujourd'hui Messine en Sicile. D'un côté, le nom de la ville en anciens caractères grecs, et un Dauphin; de l'autre, une coquille dans une aire divisée en plusieurs compartiments. *Voyez la note III du tome iv, page 453.*

N.º 4. Médaillon d'argent d'Arcadie. D'un côté, la tête de Jupiter, surnommé Lycéen, du mont Lycée en Arcadie; de l'autre, un monogramme composé des lettres grecques APK, initiales du mot *Arcadie* ou des *Arcadiens*; le dieu Pan assis sur le mont Lycée, autrement dit Olympe, dont le nom est indiqué par les lettres OΛΤΜ. *Voyez le chap. LII, tome iv, page 262.*

N.º 5. Médaillon de bronze frappé à Cnide, représentant la Vénus de Praxitèle. Il est décrit dans cet ouvrage, *chap. LXXII, tome vj, page 188.* Le même sujet est représenté sur une pierre gravée du cabinet du duc d'Orléans. *Voyez la Description de ce cabinet, tome j, page 135, pl. XXXI.*

N.º 6. Médaillon de bronze frappé à Samos. Il représente une statue de Junon, entre deux paons, dans un temple. *Voyez le chap. LXXIV, tome vj, page 242.*

N.ºⁱ 7, 8, 9, 10 et 11. Monnaies d'argent d'Athènes. Elles présentent toutes, d'un côté la tête de Minerve casquée, de l'autre le commencement du mot des *Athéniens,* et une chouette, oiseau consacré à Minerve.

Le n.º 8 est un tétradrachme frappé avant le siècle de Périclès, valant quatre drachmes du même temps, un peu plus de 3 liv. 14 sous, ou de 3 francs 70 centimes.

Le n.º 10 est un tétradrachme moins ancien, équivalant à quatre drachmes semblables au n.º suivant, et valant 3 liv. 12 sous, ou 3 francs 60 centimes. Au revers, comme au n.º suivant, la chouette est posée sur un vase renversé; après les initiales ΛΘE, on lit les noms de deux magistrats; le tout dans une couronne d'olivier.

Le n.º 11 est une drachme, valant 18 sous, ou 90 centimes.

Le n.º 7 est une obole, ou sixième partie de la drachme, valant 3 sous, ou 15 centimes.

Le n.º 9 est une demi-obole, valant un sou six deniers, ou 7 centimes et demi.

Pour ces cinq Monnaies, *voyez le chap. LV, tome iv, page 357, et la Table XIV, tome vij, pages 221 et suiv.*

MÉDAILLES GRECQUES tirées du Cabinet National,

Pour le Voyage du Jeune Anacharsis.

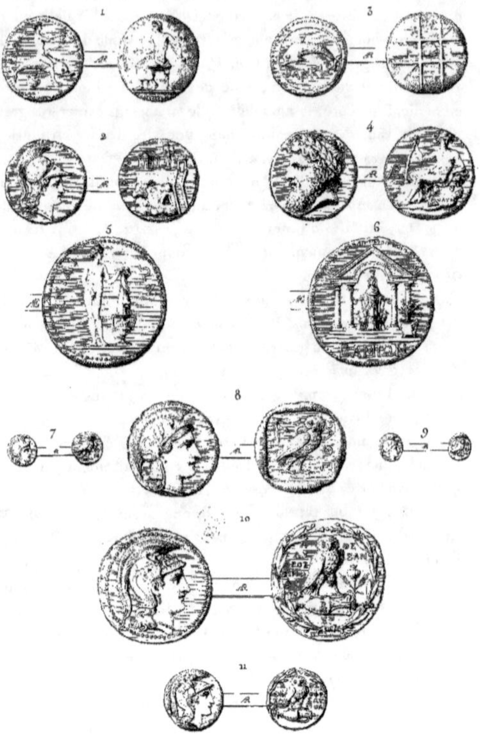

9 782329 772967